高等学校通用教材

直升机效能评估方法

曹义华　编著

北京航空航天大学出版社

内 容 简 介

直升机的效能评估问题是军用直升机设计过程中的根本性问题。本教材主要介绍直升机作战效能评估问题的基本理论和基本研究方法,主要内容包括直升机及武器系统的使用理念、直升机单机作战能力评估、对地攻击与空战、电子对抗等方面的知识;从直升机设计与运用工程的角度介绍了直升机战场机动与设计及作战区域与环境模拟;在侧重于物理概念的基础上较详尽地阐述了战场机动飞行特性和作战模拟的理论构想和数学模拟方法。

本教材适合高年级本科生或研究生学习使用,也可供从事直升机设计与运用工程研究的工程技术人员及其他相关专业人员学习参考。

图书在版编目(CIP)数据

直升机效能评估方法/曹义华编著. —北京:北京航空航天大学出版社,2006.7

ISBN 7-81077-766-1

Ⅰ.直… Ⅱ.曹… Ⅲ.直升机—性能分析—教材 Ⅳ.V275

中国版本图书馆 CIP 数据核字(2006)第 019821 号

直升机效能评估方法

曹义华 编著

责任编辑 韩文礼

*

北京航空航天大学出版社出版发行

北京市海淀区学院路 37 号(100083) 发行部电话:010-82317024 传真:010-82328026

http://www.buaapress.com.cn E-mail:bhpress@263.net

北京宏伟双华印刷有限公司印装 各地书店经销

*

开本:787×960 1/16 印张:11.75 字数:263 千字

2006 年 7 月第 1 版 2006 年 7 月第 1 次印刷 印数:2 000 册

ISBN 7-81077-766-1 定价:20.00 元

前言

本教材旨在使高年级本科生或研究生通过学习掌握直升机作战效能评估的基本研究方法和工程应用的理论基础,也可供从事直升机设计论证的技术人员参考。全书共分10章。第1章讨论了直升机运用与军事变革的关系。第2章从总体上对武器系统作战效能做简要概括,首先定义了系统效能的概念,对效能评估的方法、准则、应用范围进行描述;然后论述了与武器系统效能直接有关的系统的可用性和可靠性原理和表达方式;随后介绍了评估飞机作战能力的基本方法。第3章简要介绍军用直升机的分类,根据作战用途对各个机型进行介绍;针对其机载武器系统进行归类分析,并描述了武器系统未来发展的趋势。第4章从直升机的作战能力出发,分析了战斗直升机、运输及战勤直升机的效能影响因素,建立了武装直升机空战、对地攻击和侦察直升机的评估模型,定义了模型参数,列举了国外典型直升机的大量实际数据和效能评估结果。第5章首先从雷达对空中的威胁出发,建立计算雷达盲区高度和盲区间隙高度的算法;然后从飞行方程、火控算法以及飞机与地面目标运动关系计算中得到直升机对地攻击仿真的结果;最后建立对地攻击的效能计算模型,并给出验证过程。第6章以直升机单机空战为研究对象,从对策论的角度提出了直升机机动的决策理论以及机动动作的选择方法,同时分析了空战中的对策、跟踪、开火控制模型,模拟红蓝两机进行空中对抗的仿真方法。第7章建立了直升机战斗环境模拟模型,分析喷气式歼击机和直升机之间、直升机与直升机之间的空战模拟,并对各种方案效能进行比较,指出直升机空战主要受机动战术的优势、武器作用的控制以及机动性能的限制等方面的影响。第8章以直升机多机空战为研究对象,分析了直升机空战的战场环境和特点,论述了直升机多机空战仿真的关键技术,建立了空战态势评估与威胁评估的评定方法,随后给出了多机空战的目标分配方法与算例。第9章主要讨论直升机战场机动特性及其限制,不同飞机在低高度空战区域中的能力,并给出在地面战斗中适应垂直起落空中格斗的一些见解。第10章从电子对抗的发展历程谈起,集中讲述了直升机电子对抗的对策,对目前国际主流的直升机电子对抗系统,从大类上进行了划分和介绍;同时根据武器系统效能理论,从电子侦察设备、反电子措施两个方面建立起电子对抗系统的综合作战效能模型。

本书在编写过程中得到了北京航空航天大学校领导、教务处领导和北京航空航天大学出版社的大力支持;刘怡昕院士审定了书稿,并提出了宝贵的修改意见。此外,本书的完成还得益于作者所在课题组的集体智慧,特别是袁坤刚博士、李栋博士作了一些有益的工作,在此一并表示感谢。

由于编者水平有限,书中不妥之处,敬请读者批评指正。

编著者

2006年6月

主要符号表

符号	含义
A	可用度向量
a	地球长半轴
A_i	固有可用度
A_a	可达可用度
A_o	使用可用度
$\sum A_1$	火力参数
$\sum A_2$	探测能力参数
A_s	火箭弹散布精度
A_V/A_H	纵向/横向加速度指令
B	机载武器性能机动性参数
b_1	发动机性能参数
b_2	旋翼气动效能参数
C	系统能力矩阵
C_1	操纵效能系数
C_e	单位耗油率
C_{v1}, C_{v2}	距离误差和距离变化率系数
C_k	目标的空战效能
C_T, C_W	拉力系数和重力系数
C_T/σ	桨叶气动载荷
D	可信度矩阵
D_1	电子对抗能力系数
D_0	有效发现距离
D_f	火箭弹有效射程
$\mathbf{D}$	目标距离向量
E_{MS}	任务成功率
E_{TK}	目标被击毁率
E_{AK}	飞机损失率
E_{AH}	武装直升机使用效能
E_R	信号分析识别效能
E_c	瞄准效能
E_t	跟踪能力效能
e_m	驾驶员模型的输入
Δe	瞄准误差
e^2	地球扁率
F	放大倍数
f	重量效率
F_f	闪光系数
ΔF	期望或作战任务规定的跟踪频域
Δf	系统实际的跟踪频域
ΔF_c	期望或作战任务规定的干扰频域
Δf_c	系统实际达到的干扰频域
Δf_I	系统实际达到的频率覆盖范围
f_{ms}	机动强度因数
G	飞机重量
GB	综合作战效能
G_r	飞机特征参数
$\bar{G}_{有效}$	运输直升机重量效率
$G_{有效}$	运输直升机有效载重
$G_{起飞}$	运输直升机起飞总重
$G_{有用}$	运输直升机有用载重
G_D	战斗部重量
G_{ry}	燃油重量
H_1	航程系数
h_3	爬升高度
H_d	动升限
h_i	障碍物高
$H_{\lambda,\varphi}$	经纬度(λ,φ)地点的海拔高度

I_0	零阶双曲贝塞尔函数	N_R	瞬时旋翼转速
I_0	坐标原点的坦克序号	n_{fpmax}	最大飞行轨迹载荷因数
K	增益	n_{Th}, n_{θ_0}	完成机动科目所需要的拉力系数和总距因数
k_f	选择攻击的目标数		
K_{mf}	进入以及改出转弯的瞬态部分的比例因子	n_{xC}	纵向过载因子控制指令值
		n_{yC}	重向过载因子控制指令值
K_1	跟踪系数	$N_{z.A}$	垂直过载剩余
K_2	相对毁伤系数	$N_{z.C}$	垂直加速度控制指令
$K_{瞄}$	瞄准具系数	$N_{z.S}$	最大定常垂直过载
K_2	雷达体制系数	$N_{z.I}$	最大瞬时垂直过载
k_y	夜视设备参数	N_{ymax}	最大正过载
$K_{\dot{\beta}}$	对视线转率 $\dot{\beta}$ 的权系数	N_{ymin}	最小负过载
L_K	基准载重能力	P_{xu}	直升机需用功率
L_{xA}	前进加速度限制	P_m	武装直升机任务成功率
L_{xD}	减速度限制	P_a	武装直升机可用率
M_i	第 i 项效能指标的值	P_s	武装直升机生存率
M_{i0}	第 i 项效能指标的标准值	P_H	击中概率
t_{MDT}	平均维修时间	P_d	被探测到的概率
MCR	能执行任务率	$P_{H/d}$	被击中的概率
t_{MTBF}	平均故障间隔时间	P_K	杀伤概率
t_{MTTF}	系统失效前平均工作时间	P_s	生存概率
t_{MTTR}	平均修理时间	P_0	发现概率
$M(t)$	维修度	P	分辨率倒数
M	机动性	p_{ij}	转移概率
m_1	同时跟踪目标数量	p_n	虚警概率
m_2	同时攻击目标数量	p_L	目标防御系统向战斗机发射或射击出威胁体的概率
m_k	分配给第 k 个目标的导弹数		
M_γ	被干扰的目标数	p_{KSS}	战斗机的单发击毁概率
m_i	第 i 种武器的火力单位数	p_s	突防生存概率
M_J	估计的目标数	p_f	发现目标概率
M_t	任务维修度	p_k	武器杀伤概率
n_x	纵向载荷因子	P_S	信号处理概率
n_y	垂向载荷因子	P_I	系统的截获概率
n_{xC}	纵向载荷因子指令	$\Delta\Omega_c$	期望或作战任务规定的干扰空域

P_t	系统响应时间短于威胁暴露时间的概率	S/N	信噪比
P_c	方位引导概率和频域引导概率的乘积		
P_s	系统正确跟踪目标的概率	t_{at}	维修时间
R_2	期望或作战任务规定的毁伤距离	t_{bm}	平均维修间隔时间
ΔR_2	系统实际达到的毁伤距离	$(T-D)$	飞机剩余推力
R_{co}	期望或作战任务规定的干扰暴露距离	t_K	基准航时
R_c	系统实际达到的干扰暴露距离	t_d	驾驶员的延迟时间
R_I	系统实际达到的侦察距离	t_S	搜索雷达发现目标时间
$(R_e)_i$	各曲弧段的等效转弯半径	t_T	搜索雷达与跟踪雷达体制转换时间
R_{e1},R_{e2}	曲弧段$\widehat{P_0P_1}$和$\widehat{P_1I_0}$的等效转弯半径	t_R	武器系统待发和判断射击准备时间
R_e	等效转弯半径	t_F	威胁体飞行时间
R_M	预期的距离	$\bar{\boldsymbol{T}}_D$	坦克间距向量
R_M	机炮的有效攻击距离	$\boldsymbol{T}_V$	坦克运动距向量
$\boldsymbol{R}_i$	第 i 辆坦克坐标向量	U	控制量
round/min	射速	V	飞行速度/飞机易损性
R_K	基准航程	V_{max}	最大速度
$R(t)$	可靠性函数	V_y	最大爬升率
R_M	任务可靠度	$\boldsymbol{V}_0$	炮弹出口速度向量
SGR	出动架次率	$\boldsymbol{V}_{01}$	炮弹综合速度向量
SA	储存可用度	V_H	母弹末速传给子弹速度
SEP	单位重量剩余功率	V_ω	母弹末速赋予子弹速度
S_1	生存力系数	V_d	抛射机构赋予子弹速度
S	舒适性	v_x,v_y,v_z	气流坐标系下敌机的相对速度
S_0	桨盘面积	V_{cb}	战斗速度
S	优势度	W	预警能力
s_1	进入转弯时的距离	W_i	第 i 项效能的加权系数
S_2	期望或作战任务规定的火力范围	w_k	目标的战术价值
ΔS_2	系统实际的火力覆盖范围	ΔW	期望或作战任务规定的方位跟踪范围
S_h	瞄准迎击直线距离	$\boldsymbol{X}$	状态向量
$(Sg)_i$	两障碍物之间的距离	y_1,y_2	驾驶员模型的状态变量
S_i	转弯改出后的直线距离	Z	装甲系数
S_r	距离优势度	$Z_d(t)$	故障率
S_A	角度优势度	α	飞机迎角
S_R	距离优势度	ϑ_s	俯仰角

α_T 抬高角
$\beta_1, \beta_2, \beta_3$ 中间变量
β 目标线 D 与水平线的夹角
$\dot{\beta}$ 目标线转率
β_S 总搜索方位角
γ 航迹爬升角
γ_{des} 预期的航迹爬升角
ε 超前角
ε_1 隐蔽性参数
ε_2 航程系数
ζ 功率传递系数
θ 飞机俯仰角
θ 视线角
θ_B 蓝机视线角
θ_{des} 预期的航迹角
$(\theta_0)_{en}$ 进入机动科目时的总距操纵值
θ_0 机动过程中的瞬时总距操纵值
θ_{IO} 期望的或作战任务规定的方位覆盖范围
θ_I 系统实际达到的侦察方位覆盖范围
λ 航法定系数
λ 飞机速度向量 $\boldsymbol{V}_1$ 与水平线 X_m 的夹角，常值
λ_{ij} 转移概率密度
(λ, φ) 经纬度坐标
μ 前置角
ρ 转换系数
ρ 识别置信度
τ_t 目标暴露时间的期望值
τ_J 系统响应时间的期望值
$\tau_{nx}, \tau_{ny}, \tau_{\phi}$ 时间常数
ϕ 滚转角
ϕ_C 滚转角控制指令值
φ_{des} 预期的航迹偏角
ψ 偏航角
ψ_{hm} 最大盘旋速率
ψ_{hC} 总的航迹角变化
ψ_{des} 预期的航迹偏角
ω_B 立体角
ω 武器种类数
ω_z 飞机俯仰角速率
$\Delta\omega_C$ 系统实际达到的干扰空域
$\Delta\omega$ 系统实际的方位跟踪范围

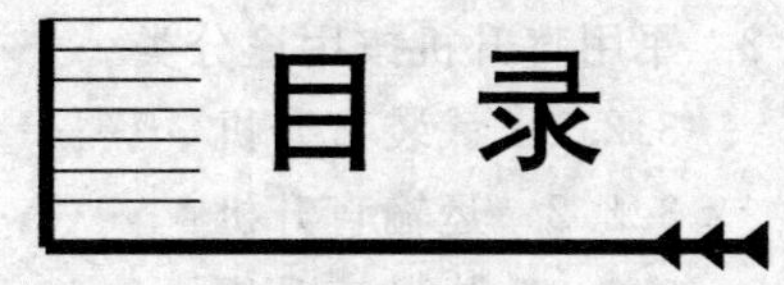

目录

第10章　武装直升机电子对抗技术

参考文献

第1章 绪 论

军用直升机是高度机动性和强大火力相结合的一种理想的空中作战平台，由于直升机本身特殊的机动能力，使其具备特殊的战斗性能，在战场上占有特殊地位。作为空中火力平台，直升机在具备各种武器系统之后可以在广阔的战场上对地面、海面上(下)和空中的各类目标实施打击，成为现代战争条件下重要的打击和支援力量；作为空中载运平台，可以搭载部队实施机降等空中机动，克服地形条件的限制将物资远距离传送，达到快速、突然的战术目的；作为作战和勤务保障平台，可以有效的搭载各种机载特种设备，完成侦察、预警、指挥、通信、电子对抗、引导、制导、炮兵校射、布雷、排障、运输、救护，乃至反潜等作战和保障任务。

在越战、阿富汗战争之后，武装直升机的重要作用已逐渐为各个军事大国重视，特别是在现代局部战争(海湾战争、伊拉克战争等)中，武装直升机的实战使用表明，现代军用直升机具备的独特的机动能力、强大的火力、较强的信息获取、运载、战场生存能力以及不断提高的综合作战能力，逐渐开始作为主战武器影响合同作战的进程和结局，已成为陆军与坦克等装甲力量之外起到举足轻重作用的技术兵器。争夺“一树之高”的制空权已经成为现代战争所要达成的重要目标之一。各个国家相继成立了自己的陆军航空兵部队，其直升机不仅仅局限于作为保障和支援力量，而以直升机为主要作战平台的陆军航空兵部队已发展成为独立的战斗兵种，从而使作战方式发生了明显变化。

1.1 现代战争与军事变革

几场不对称的现代化战争中，空中打击已成为主要的进攻作战形式，空中机动几乎遍及战场的全部时空，信息的获取、传输、中继与对抗以及部队的指挥、控制也主要借助于空中平台。在这样的现代化战争中，直升机逐渐扮演了举足轻重的角色，成为军事革命或军事变革中重要的推动力量。军事革命的理论和实践与直升机的使用和作战效能评估密不可分。

新军事革命，对于国际社会已经产生了现实的和深远的影响。中国周边的环境和安全的需要要求我们毫不犹豫地实行军事变革，以跟上世界新军事革命的步伐。从军事革命的观点来看，最大限度地控制和有效利用作战空间，已成为夺取战场主动权的首要条件。而超低空，不但是作战空间的有机组成部分，而且是连接地(海)面与高、中、低空区域的纽带，尤其对陆军来说是至关重要的、有直接影响的作战空间。100 m 以下的超低空作战空间，不适宜于高空高速的固定翼飞机活动，仅靠地面火力又难以有效控制，而直升机最适于在这“一树之高”的空间自由行动，不但可使超低空成为战场机动的重要通道，而且可以居高临下打击地(海)面和超低空中的各种目标,支援地(海)面和空中力量的行动,成为争夺超低空制空权的主要力量。随着未来战争发展,超低空日益成为作战双方争夺的又一“制高点”。正因为军用直升机填补了这一空间,才能充分发挥在高技术条件下空、地、海、天整体力量的联合作战优势。

1.2 直升机在现代化战争中的地位与作用

充满了人员流、物质流、能量流、信息流运动的时空,构成了战场。现代战场上,上述各个流动主体的分布,较之以往有很大变化。其中最为显著的是:人员、物质在战场上的密度大大降低,而能量、信息的密度大大增加,与此同时,它们的分布密度和坐标随时间的变化更为迅速、突然、猛烈。

现代战场(尤其是陆战场)和陆战方式均有了突跃式的变化。昔日,炮兵的火力,装甲兵的机动力和突击力,曾长期主宰战场。而今随着直升机的出现,其强大火力、突击力和快速机动力使之具有了“飞行坦克”、“空中骑兵”等美称。可以说,自从直升机进入战争领域后,战争面貌就发生了根本变化,在未来信息化战争中以及军事革命或军事变革中,势将成为一种不可或缺的重要力量。直升机在现代化战争中的地位与作用,可由以下五个方面体现出来。

1.2.1 联合火力打击的重要实施单位

直升机是一种适于装载各种机载武器、具有很大灵活性的火力平台。

① 直升机有强大的反坦克能力。据作战效能分析、作战仿真以及战争实践证明,直升机对坦克实施突击,不论是单个坦克或是集群坦克,也不论是运动坦克或是固定的坦克,只要被直升机发现,便可用反坦克导弹实施有效攻击,通常可达到70%以上的毁伤概率;一般情况下,可达十几比一。所以,直升机是联合火力打击的实施单位中主要的反坦克力量。

② 直升机有强大的机载压制武器,如炸弹、无控火箭、空地导弹等,适于从超低空对敌实施火力突击,并且能够灵活实施直升机的兵力机动和空中火力机动,充分发挥火力的突然性和猛烈性。直升机的机载火力,是联合火力打击中压制地面火力的重要补充。

③ 直升机是火力和机动力的有效统一,因而是远程奔袭、实施纵深火力打击,跨海火力突击的理想工具。与空军航空兵及战术地地导弹兵协同,是对敌联合火力打击中不可或缺的纵深火力突击力量。

④ 现代化作战中,直升机不仅适于突击计划内的目标,还特别适于突击新发现的以及由上级或友邻的“火力召唤”而临时指示的目标。

⑤ 挂装空空格斗导弹的直升机,具有夺取低空和超低空制空权的能力。

因此,直升机是现代作战中联合火力打击的重要实施单位和骨干力量。

1.2.2 信息战和电子战的重要实施单位

直升机是低空和超低空的通用作战平台，当其装备信息战和电子战装备后，便成为灵活有效的信息战和电子战平台。直升机能够由低空和超低空突入敌后，摧毁敌方信息战和电子战作战单位和敌方信息网络、通信指挥系统，实施电子压制和干扰，使敌 C^4ISR(Command，Control，Communication，Computer，Intelligence，Surveillance，Reconnaissance；指挥、控制、通信、计算机和情报、监视、侦察)系统致盲、致聋，乃至瘫痪。

直升机在战争初期和战争进程中，可以持续发挥信息战和电子战的强大威力，所以直升机是现代信息战和电子战的重要实施单位和无可替代的力量。

1.2.3 兵员机动和武器装备机动的载运工具

现代作战的特征之一，就是立体突破、垂直包围的非线性作战。大量的兵员、武器与装备，往往需要由一处迅速机动转移至另一处。直升机具有在复杂地形和复杂环境下垂直起降的绝技，故最适宜于在瞬息万变的现代战场上，全天候用机降或伞降方法快速实施兵员机动和武器装备机动。

直升机具有很强的快速反应和灵活反应能力，最适于在各种紧急情况下迅速出动，完成别的军兵种难以单独完成的各种艰巨的作战任务。所以直升机部队可以成为合成军兵种指挥员手中一支最得力和最有效的预备队。

1.2.4 作战支援和保障的多面手

合成军队在现代作战中，每时每刻都会有大量的支援和保障任务需要完成。其中，从大的方面，可分为战斗支援保障和勤务支援保障两大类。上面所介绍的直升机执行的火力突击和电子突击以及电子战等作战任务，均属于战斗支援保障的范畴；向作战地域直接输送人员武器装备、侦察、工程、通信、三防(核、生、化)、警戒等勤务保障，也属于战斗支援保障的范畴；其他许多非直接战斗的支援和保障任务，如后方勤务中的弹药供给、粮秣和作战物资供给、给水供电、技术维修、卫生勤务、运输勤务……均属于勤务支援保障的范畴。

直升机作为一个垂直起落的载重飞行平台，不仅可以挂装各种机载武器，也可装载各式各样的勤务装备或设备，使之能够顺利完成各种支援和保障任务。不仅在陆战中能圆满完成上述几乎所有的具体支援保障任务，在海战中也能大显身手，出色完成诸如侦察、通信、反潜、排雷等十分艰巨的海战支援保障任务。

因此，人们把直升机称为作战支援和保障的能手。

1.2.5 特种作战的重要武器

现代战争业已淡化了前方与后方、外线与内线，特种作战的规模和形式均可能发展成前所未有的水平。特种作战不仅仅限于敌后和内线作战，还包括在更广阔的空间上、更漫长的时间内，发动和实施大规模的和延绵不断的破坏、袭扰或完成特定任务的作战。在这样的战场上，同样也模糊和淡化了战略、战役和战术的范畴。现代特种作战在前方与后方、外线与内线的广阔空间对敌方的要害点、关节点、薄弱点实施致命打击。在以巴冲突中，以色列在各种情况下大量灵活使用直升机，实施一系列“定点清除”，直升机攻击隐秘突然，行动迅速，敌方防不胜防。

在现代化战场上，直升机可以淋漓尽致地发挥自身的威力，尤其是陆军作战直升机，它可以补充坦克、火炮火力及突击力的不足，并为它们撑起低空防卫的保护伞；对于敌方，它是炮兵的“杀手”和坦克的“克星”。因此，现代战争中，不论防御与进攻，直升机都有着无可替代的地位与作用。

1.3 现代化战争与作战效能评估

“效能”，是用以评估或评定系统内涵的特定功能及其运行中表现出的效果的尺度。对于武器和武器系统来说，效能指武器系统或武器大系统执行规定任务所能达到的、用户企盼或要求达到目标的程度的测度。“作战效能”是指一种单件武器，或武器平台，或武器系统，或由多种武器和人员组成的大系统，执行规定作战任务所能达到的效能。因此，作战效能是对一种评估对象作战效力和能力的定量量度。

“作战效能”，一般又可分为“武器效能”和“作战效能”。前者一般作为武器或武器系统本身效力和功能评估的理论尺度；后者则通常作为武器或武器系统实战效能评估的尺度。

军事革命或军事变革的实施计划结构和操作实施中要求，在战争前后，均应对武器或武器系统的效能进行定量估算和评价。这种战争之前的估算，通常称之为“效能评估”；战争之后的评价，则通常称之为“效能评定”。但在很多场合，“效能评估”和“效能评定”术语应用不是那样分明，混用也是经常的事，为方便起见，本书中统称为“效能评估”。

1.3.1 作战效能评估指标体系

作战效能评估的实施中，需要一种定量尺度，这就是效能评估的指标。

战争中充满了各种各样的不确定性，其中包括发生与否、清晰与否、确知与否等不确定性。针对被评估对象的不确定性，便需要以不同指标加以描述。

随机性指标：对于发生与否的不确定性，可以用概率指标描述，战场上各种事件的发生与不发生是最经常出现的不确定性，即随机性。所以，概率指标是最常用的效能指标。如导弹命中概率、毁伤概率、完成作战任务的概率和毁伤目标的数学期望等。

模糊性指标：对于清晰与否的不确定性，可以用模糊学指标描述，战场上各种事件的清晰与不清晰也是经常遇到的不确定性，即模糊性。模糊指标一般可用隶属度表示，在许多场合，这也是必须使用的效能指标。如完成各种作战任务或射击任务的隶属度等。

灰色性指标：确知与否的不确定性，可以用灰色系统学指标描述，战场上各种事物的确知与不确知，也是经常遇到的不确定性，即事物的“灰性”。灰色系统原理规定：完全已知为“白”，完全未知为“黑”，部分未知则为“灰”。所以，灰色系统对于不确定性事物的描述具有更加广泛的意义。事实上，随机性和模糊性也都属于一种特定的灰色性。灰色系统模型一般是预测模型，在军事领域的广阔范围内，均有成功应用的范例。灰色系统理论指标体系一般比较复杂，其中灰数和灰函数、灰数的白化值、灰色关联系数和关联度、灰色系统的映射量等，都可作为效能评估体系中的效能指标。

物理指标和综合性指标：此外，一些物理量和一些无因次量，也常常在比较单纯的场合用作评估的效能指标。如武器的射程、武器投射精度的均方差、毁伤面积，以及突防率或毁伤目标的百分比等。实际上，在更多的场合，作战效能评估往往采用综合性指标，如完成各种作战任务或射击任务的模糊概率、按质量等级隶属函数分布的可用概率等。

1.3.2 作战效能评估的必要性

既然战争中充满了各种各样的不确定性，军事领域中一切运动过程结果，以及一切事件的出现，就必然都是不确定的。大到一场战争的胜负、战场上的伤亡比例，小到一种武器的突防率、命中率、毁伤率等，都是人们很想预知和知道的，但又不知道或不能确切知道的结果或定量结果。于是，就出现了对作战前景评估和对战争后果与结局评定的需要。效能评估，作为辅助决策的科学手段，完全有可能帮助人们去争取战争胜利或得到理想的结局。

作战效能评估和评定，需要一定的条件。效能评估理论基础、数学模型、数据库、运算手段、仿真方法等，都是效能评估的必要条件。

战争发展到一定规模和水平后，即使早在古代，人们就提出了对作战效能评估的迫切要求。孙子在兵法十三篇中所提出的“庙算”，张子房的“运筹帷幄”，便是最古老的一种效能评估的形式。只不过由于古代条件的限制，使效能评估更多依赖实施者的个人智慧，评估结果的分辨率和置信度都不可能很高。但不管如何，古代的“庙算”或于帷幄之中的运筹，无论在理论上或在实践上，均已获得巨大成就和辉煌战绩，从而奠定了作战效能评估在战争中的地位与无可替代的作用。

现代科技的高速发展，不确定性数学、计算数学、计算机技术的进步和逐渐成熟，给予效能评估以更加先进和可靠的手段，使效能评估技术建立在科学基础之上，其分辨率和置信度均大大提高。当今世界上，无论哪一个军事大国，基本上都建立了一系列的作战模型和完善的数据库，使得效能评估的实用程度也大为提高。近若干年来的战争实践证明：效能评估对于战争胜负的重要作用，对于军事科学的巨大影响和推动，是无可置疑的，也是无可替代的。

1.3.3 作战效能评估的方法

作战效能评估一般可通过三种基本方法，或综合采用这三种方法加以实施，即实践法、解析法和仿真法。

实践法，根据战史调研考证、组织演习等实践手段，进行数据统计和建模所进行的作战效能评估方法；

仿真法，以作战的模拟和仿真数学模型，以及计算机运算和显示手段，所进行的非确定型作战效能评估方法；

解析法，以作战的解析数学模型，以及计算机运算和显示手段，所进行的确定型作战效能评估方法；

在这三种方法中，实践法受到各种条件限制，数据采集也十分困难和繁琐，且经处理的效能评估结果仅仅是单个或少量样本的处理结果，因而除了用来验证某些非常重要的评估结果之外，其使用有限。仿真法依靠数学模型及计算机程序进行统计实验，其所得到的结果虽仍然是不确定的，但其具有相对较低的开发和运行成本，故几乎可以不限次数的运行，得到足够的样本，故尔是现代作战效能评估最常用的方法之一。解析法也是以数学模型以及计算机运算为基本手段，其所得到的结果是确定型的。在人们尝试实施作战效能评估的早期阶段，由于数学理论和方法不够成熟，以及计算机技术不像现在那样发达先进，故在使用上受到极大限制。而从目前情况来看，非确定性数学、计算数学和计算机技术已发展至相当高的水平，对于大部分常见的变量或参数的非确定性分布规律已有了较深入的认知，所以，除非在作战态势非常复杂、系统十分庞大、解析模型结构繁冗等场合必须使用统计实验的仿真模型之外，在可能条件下，应首先采用解析法进行作战效能评估。使用解析法的另一优点是：有利于对评估对象的物理和事理过程，以及诸参数变化对该过程及其结果的影响，获得更加深入的理解和认识。

但是，无论使用上述那一种方法，其模型中所需的各种系数、指数，以及诸多参数，大都需要由经验统计或实验结果获取。因此，作战效能评估模型都可以说是综合采用上述各种方法构建的模型，只不过各种方法主次位置和比重有一定差别而已。此外还须指出：大凡模型，都会对其所描述的对象采取各种合理的假设，以便纯化和简化所评估对象的过程和状态。

1.3.4 作战效能评估的应用

在现代军事领域中，效能评估几乎无处不在。从武器系统的研制与开发、国防决策、部队训练，以及指导实战各个环节上，作战效能评估均大有用武之地。

武器系统的研制与开发是一项花费大量金钱和时间的工作，又是一项综合性很强的系统工程。在其计划实施的每一阶段的每一个环节中，如提出概念、战术技术诸元论证、规划设计、试制样机、靶场实验、评审验收、批量生产、装备部队等，均需进行评估或评定。根据评估或评定结果，在各个环节或阶段间进行多次反复，方能达到正确决策的目的。

国防决策，即孙子所曰“兵者，国之大事，死生之地，存亡之道，不可不查也”。所谓“查”就是对于这种“国之大事”，认真、周密、深入地进行调查、研判，最终做出正确的抉择。当今世界上，一个国家的国防决策牵扯面极为广泛，它受到诸多方面和诸多条件的制约。如果仅仅依靠经验决策，往往可能挂一漏万而失之片面，也难以对方方面面的问题做出周全的协调、平衡，达到符合客观实际的效果。所以，以效能评估为手段，对于国防大系统实施系统分析，获得优化的策略集，提供给决策者选择，就能最大限度地克服主观性、片面性，避免做出错误轻率的决策。

部队训练，在现代武器装备部队之后，即成为一个十分关键的问题。现代武器采购价格昂贵，维护费用不菲。训练中不可能大量动用实装、发射实弹。所以，现代部队的训练，基本上大都采用以作战效能评估模型为基础的模拟和仿真训练。即使在少量的实兵实弹演习中，也依据对其作战效能的评估和评定结果来做出阶段的和最终的评判。

指导实战，是作战效能评估的主要用途之一。实际上，现代化的武器系统，直至合成军队或战略部队，都装备了 C^3I(Command, Control, Communication and Intelligence；指挥、控制、通信和情报)系统和/或 C^4ISR 系统(自动化的指挥、控制、通信、情报、监视、侦察及计算机系统)，也就是现代化、信息化军队的基础硬件和软件系统。其编制软件所依据的模型集中，效能评估模型占有很大比重。也可以这样说，效能评估模型的精度、分辨率、置信度极大地决定或左右了 C^3I 系统和 C^4ISR 系统的质量和效率。

总之，作战效能评估无论在和平时期的战备过程中，还是在战争进程中，都具有很大的应用范围和广阔的指导意义，以及广阔的发展前景。

1.4 本书要点

直升机在战争领域中使用十分广泛，特别是对陆战来说，直升机的出现更具有划时代的意义和深远影响。本书仅论述直升机对地攻击、单机空战、多机空战、自身机动性等各个方面的作战效能评估和评定原理以及方法问题。

本书第 2 章从总体上对武器系统作战效能进行了介绍，首先定义了系统效能的概念，对效能评估的方法、准则、应用范围进行了描述，然后论述了直接与武器系统效能有关的系统的可用性和可靠性原理和表达方式，最后介绍了评估飞机作战能力的基本方法。

第 3 章，简要介绍军用直升机的分类，根据作战用途对各个机型进行介绍；针对其机载武器系统进行归类分析，并描述了武器系统未来发展的趋势。

第 4 章，从直升机的作战能力出发，分析了战斗直升机、运输及战勤直升机的效能影响因素，建立了武装直升机空战、对地攻击和侦察直升机的评估模型，定义了模型参数，列举了国外典型直升机的大量实际数据和效能评估结果。

第 5 章，首先从雷达对空中的威胁出发，建立计算雷达盲区高度和盲区间隙高度的算法，然后从飞行方程、火控算法，以及飞机与地面目标运动关系计算中得到直升机对地攻击仿真的结果，最后建立对地攻击的效能计算模型，并给出验证过程。

第 6 章，以直升机单机空战为研究对象，从对策论的角度，提出了直升机机动的决策理论，以及机动动作的选择方法，同时分析了空战中的对策、跟踪、开火控制模型，模拟红蓝两机进行空中对抗的仿真方法。

第 7 章，建立直升机战斗环境模拟模型，分析喷气式歼击机和直升机之间、直升机与直升机之间的空战模拟，并对各种方案效能进行比较，指出直升机间空战主要受机动战术的优势、武器作用的控制以及机动性能的限制等方面的影响。

第 8 章，以直升机多机空战为研究对象，分析了直升机空战的战场环境和特点，论述了直升机多机空战仿真的关键技术，建立了空战态势评估与威胁评估的评定方法，最后给出了多机空战的目标分配方法与算例。

第 9 章，主要讨论直升机战场机动特性及其限制、不同飞机在低高度空战区域中的能力，并给出在地面战斗中适应垂直起落空中格斗的一些见解。

第 10 章，从电子对抗的发展历程谈起，集中讲述了直升机电子对抗的对策，对目前国际主流的直升机电子对抗系统，从大类上进行了划分和介绍，同时根据武器系统效能理论，从电子侦察设备、反电子措施两个方面建立起电子对抗系统的综合作战效能模型。

本书主要以解析法进行分析和建模，尽可能以较少篇幅和精简语言阐明直升机单机和多机在对地攻击和空战阶段以及其他作战领域内的效能评估原理，给出了比较系统和全面的直升机作战效能评估数学模型方法。希望本书可以让读者从宏观上了解直升机作为一种武器系统其效能评估的概念、方法、原理，并可以对直升机武器的分析论证和作战训练的实践有所帮助。

第 2 章　武器系统效能分析

2.1　效能分析概述

2.1.1　效能的基本概念

武器装备的效能(effectiveness)通常是指一个武器装备系统完成预定作战任务的能力。对效能的最一般理解是指武器装备实际的作战能力大小,其定义有很多不同的表述形式,因为作战能力和很多因素有关。在很大程度上,能力的实现决定于使用任务和使用条件。任务不同,使用条件不同,衡量武器效能的指标就不一样。因此,效能一般是一个相对的概念,它表征武器在一定的使用条件下,完成给定任务的能力。

从系统工程的角度来看,武器装备的效能除了包括作战能力(capability)之外,还包括它的可用度(availability)、可靠度(dependability)和保障度(supportability)。

参照美国空军系统效能指标定义,武器装备效能可以表示如下:

$$\boldsymbol{E} = \boldsymbol{C} \times \boldsymbol{A} \times \boldsymbol{D} \times \boldsymbol{S} \tag{2.1}$$

式中,E 是武器装备的效能,C 指作战能力,A 是可用度,D 是可靠度,S 指保障度。其中,保障度是指持续使用能力,它涉及到零件备件需求、后勤供应和战时生产能力等方面的影响,很难量化评估;目前尚未有简易的评估办法,通常可以在保障度满足(即 $S=1$)的情况下进行研究。

应用最广泛的系统效能模型是美国空军的模型。该模型将可靠性、维修性、保障性、生存力和固有能力等因素综合为可用性、可信性和固有能力三个指标。这样,系统效能评估模型如下:

$$\boldsymbol{E} = \boldsymbol{A} \times \boldsymbol{D} \times \boldsymbol{C} \tag{2.2}$$

式中,$\boldsymbol{E}=[e_1, e_2, \cdots, e_m]$为系统效能指标;$e_i(i=1,2,\cdots,m)$是对应于系统第 i 项任务要求的效能指标。$\boldsymbol{A}=[a_1, a_2, \cdots, a_n]$为 n 维可用度向量,是系统在执行任务开始时刻可用程度的度量,反映系统的使用准备程度;$a_j(j=1,2,\cdots,n)$是开始执行任务时刻系统处于状态 j 的概率,j 为系统的可能状态序号,系统可能状态由各子系统的可工作状态、工作保障状态、定期维修状态、故障状态、等待备件状态等构成,系统可用性与系统可靠性、维修性、维修管理水平、维修人员水平和数量、器材供应水平等有关。$\boldsymbol{D}$ 称为系统可信度,表示系统在使用过程中完成指定任务的概率。

由于系统有 n 个可能状态,所以可信度 $\boldsymbol{D}$ 是一个 $n \times n$ 的矩阵,即

$$\boldsymbol{D}=\begin{bmatrix} d_{11} & d_{12} & \cdots & d_{1n} \\ d_{21} & d_{22} & \cdots & d_{2n} \\ \vdots & \vdots & & \vdots \\ d_{n1} & d_{n2} & \cdots & d_{nn} \end{bmatrix} \tag{2.3}$$

式中，$d_{ij}(i=1,2,\cdots,n;j=1,2,\cdots,n)$是开始使用时刻系统处于 i 状态而使用过程中转移到 j 状态的概率。显然有

$$\sum_{j=1}^{n} d_{ij}=1$$

当系统在使用过程中不能修理时，开始处于故障状态的系统在使用过程中不能再进行工作。如果设定状态序号 i 越大，故障越多，则可信度矩阵可以变换为一个三角阵，即

$$\boldsymbol{D}=\begin{bmatrix} d_{11} & d_{12} & \cdots & d_{1n} \\ 0 & d_{22} & \cdots & d_{2n} \\ \vdots & \vdots & & \vdots \\ 0 & 0 & \cdots & d_{nn} \end{bmatrix}$$

可信度取决于系统可靠性和使用过程中的修复性，同时也与人员素质、指挥等待因素有关。

C 代表系统运行或作战能力，即系统在处于可用和可信状态下，系统能达到任务目标的概率。一般情况下，系统能力 $\boldsymbol{C}$ 是一个 $n\times m$ 矩阵，即

$$\boldsymbol{C}=\begin{bmatrix} c_{11} & c_{12} & \cdots & c_{1m} \\ c_{21} & c_{22} & \cdots & c_{2m} \\ \vdots & \vdots & & \vdots \\ c_{n1} & c_{n2} & \cdots & c_{nm} \end{bmatrix} \tag{2.4}$$

式中，$c_{ij}(i=1,2,\cdots,n;j=1,2,\cdots,m)$代表系统在可能状态 i 下达到第 j 项任务要求的概率。在操作正确高效的情况下，主要取决于系统设计能力。

该效能指标是由三个不同指标来描述系统在作战使用过程中不同阶段的有效性的，且三个指标的乘积即为系统效能指标。这种定义方法的好处在于简单，却不能反映武器系统达到一组特定任务要求的程度。

考虑一组特定任务的系统效能指标，通常是用不同任务的分指标来进行加权。各项任务指标的加权系数和决策者的喜好以及任务性质等都有关系。经过综合，效能指标 V 的形式如下：

$$V=\sum_{i=1}^{n} W_i M_i / M_{i0} \tag{2.5}$$

式中，M_i 是第 i 项任务效能指标的值；M_{i0} 是第 i 项效能指标的标准值；W_i 是第 i 项任务效能对系统效能指标的加权系数；n 是所考虑的任务效能属性个数。

对武装直升机的作战使用效能分析而言，考虑到战场生存力是影响效能的重要因素，而可靠性和可维修性是可用度的主要影响因素，因此其使用效能可以通过任务能力、可用性和生存力三方面要素来评估。其表达式为

$$E_{AH} = P_m P_a P_s \tag{2.6}$$

式中，E_{AH}代表武装直升机使用效能；P_m 代表任务成功率；P_a 代表可用率；P_s 代表生存率。每一项的构成如图 2.1 所示。

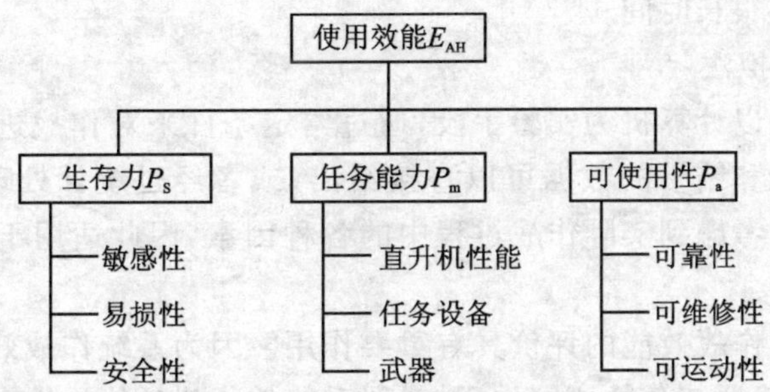

图 2.1　武装直升机作战使用效能影响因素

在上述各个影响因素中，各因素对使用效能的影响程度是不等价的，因此在实际应用中，应使用加权的方法来进行综合。

事实上，武器系统的作战能力如性能、威力等问题往往与武器的设计思想、制造工艺等因素有关；而武器系统的可用度、可靠度固然在设计时有一定的要求，但是往往与使用过程中的维修管理、零件供应以及使用方式等有关，因此，在多数情况下，分析对比武器系统作战效能时，先忽略其他因素，只用作战能力代替效能。

2.1.2　效能评估的方法

系统效能评估的方法很多，基本上可以归为三类：解析法、统计法和计算机模拟方法。每种方法各有其优点和缺点，在选择的时候常常要根据效能参数特性、给定的条件、评估目的以及精度要求等因素来决定。

(1) 解析法

解析法的特点是根据描述效能指标和给定条件之间的函数关系来计算效能指标的值。该表达式可以根据军事运筹学理论建立，也可以根据数学方法求解的效能方程建立。如应用概率论可以建立不计对抗条件下射击效能的静态评估公式，应用排队论可以建立不计对抗条件下射击效能的动态评估公式等。

解析法的优点是公式透明性好，计算简单，易于理解，便于进行各个变量因素之间的分析应用；其缺点是考虑因素不完备，往往经过严格假设。因此解析法常用于简化情况下的武器系统效能评估。

(2) 统计法

统计法是应用数理统计方法，根据实战、演习、试验所获得的大量统计资料来评估系统效能。常用的统计评估方法有抽样调查、参数估计、假设检验、回归分析和相关分析等。统计法不仅能给出效能指标的评估值，还能显示武器性能、作战规则等因素对效能指标的影响，从而为改进武器系统效能和作战指挥提供分析基础。对许多武器系统来说，统计法是评估效能参数的基本方法。但是统计法需要大量的武器装备做试验，这些武器没有研制出来之前无法实施，同时消耗太大，需要很长时间。

(3) 计算机计算模拟法

计算机模拟法就是以计算机为实验手段，通过给定条件来对作战进行计算机仿真。由实验得到的关于作战进程和结果的数据可以直接给出(或者经过统计处理后给出)效能指标的值。这种方法能详细地考虑到实际作战过程中的各种因素，因此适用于进行武器系统或作战方案效能指标的预测。

计算机模拟对系统作战效能的评价具有重要作用。因为系统作战效能评价要求考虑对抗条件和交战对象、各种武器装备的协同作用、武器系统的作战效能属性在作战过程中的体现等等。该方法是除了实战之外，能有效提供在对抗条件下，以具体作战环境和一定规模的兵力背景下提供系统作战效能的手段。

计算机模拟法的缺点是需要大量可靠的基础数据和原始资料做依托，这些数据资料的提供需要长期有计划的对大量实际数据的收集和整理，而且作战环境复杂，仿真难度大，因此带有较大的不确定性，同时数学模型的建立也比较复杂。

2.1.3 效能评估的准则

评估武器系统效能通常遵循如下准则：

(1) 可比性

可比性的效能评估的重要原则。单一武器各项性能的综合、各型武器系统效能的衡量和研制改型方案的优劣对比，都必须在统一的标准下实施。武器系统效能指标不仅有多属性，而且有多层次性，为实行统一标准下的度量，首先要将各项指标无量纲化。无量纲化的方法是将各项指标与同类武器系统中性能先进的指标或者公认的标准指标相比并取其比值。同时，为了适应不同类型、不同武器系统效能的评估，需要根据同类指标的重要程度进行加权处理，增强相互之间的可比性。

(2) 综合性

一种由多个子系统组成的武器系统，其战术效能指标属性很多，因此，为对系统整体综合效能进行评价，制定指标体系应选择反映总体性能的指标，以及各分系统的重要因素和参量，并参照整体功能的关系，通过数学变换求得合成的度量指标。

(3) 代表性

武器系统的各项效能指标，在总体和各分系统中，各自呈现不同的作用和地位。选择指标应着重考虑反映各型武器的本质特征和真实的战术水平等因素，以及主要设备的关键参数。对于尚未量化的要素，采取专家评估的方法，实现各要素的量化。

2.1.4 效能评估的应用范围

武器系统效能评估的结果主要应用于如下几个方面：比较若干种同类武器的优劣；对设计方案或指定的武器系统进行评价；消费比分析；宏观衡量双方实力；作战模拟以及军事分析等。

(1) 武器系统优劣对比

比较武器系统的优劣，如只比较其性能的好坏，在武器平台和机载武器都差不多的时代是可以的。而现代武器系统种类繁多，威力各异，因此只以比较性能来确定其优劣显然是不够的。只有通过效能评估才能比较全面地衡量系统的优劣，而且评比采用的参数应该根据对该型武器系统的主要作战使用要求或评比目的而定。

(2) 设计方案比较

对新设计的某一武器系统的设计方案进行评价，也可以用效能评估的方法，不过选用的评比项目和参数应该全面一些，而且与准备替换的型号作对比时应该尽可能采用同一个标准。新设计的武器系统很多数据是理论值或期望值，如果这些数据的选用过分乐观，得出的效能估值将会大大超过实际水平。因此在评价新设计方案时，首先要研究所采用数据的现实可行性和可用度。

(3) 效费比分析

对武器系统进行效费比分析一定要进行效能评估，否则无法计算。但如何评估效能和用什么指标来表达效能却没有统一的规范，所以有人用完成主要任务所需要的装备数量作为效能指标，也有的采用指数法来计算效能。从计算效费比更明确和相对合理的观点来看，用武器装备的需求数量来表述其总的效能是较好的，如果再结合考虑它的全寿命费用，所得到的效费比就更有参考价值。

(4) 双方实力对比

作战双方使用的武器系统往往不一样，而且种类繁多，因此比较双方武器装备实力时，不仅要考虑数量，还要考虑它们的作战能力。为此，必须对每种装备进行效能评估。美国陆军采用这样的方法来衡量双方部队的实力。军方对国内外每一种主要陆军武器如主战坦克、不同口径的大炮等都计算出其武器指数(Weapon Index)，然后将各个部队各种武器的数量乘以各种武器的武器指数，然后再相加，从而得到该部队的战斗力指数。

(5) 作战模拟

利用计算机进行战役级或更高级的作战模拟时，不可能具体模拟双方的每一件武器的损失情况，而往往根据双方兵器的效能值推演双方损失的估算值。效能评估结果是否可信、是否切合实际就决定了作战模拟的可信度和逼真程度，所以武器装备的效能评估是一切作战模拟的基础。

2.2 系统的可用性和可信性

2.2.1 系统可用性分析

系统可用性(Availability)是指：系统在给定条件下使用时，在任务开始时处于可工作或可使用状态的程度。可用性的概率度量是可用度，其表征系统在任一随机时刻需要完成任务时，在任务开始时系统处于可工作或可使用状态的概率。可用度是描述武器系统效能的主要参数之一(见美国空军系统效能模型中的 A)，它是以工作时间和停机时间定义的，是时间的函数。根据所描述的系统工作时间刻度的不同，可以提出瞬时可用度、平均可用度和稳态可用度的概念。

(1) 瞬时可用度

瞬时可用度是指系统开始工作后，在任一时刻 t 处于可工作或可使用状态的概率，记做 $A(t)$。如果系统只有两种工作状态，即

$$X(t)=\begin{cases}0, & \text{时刻 } t \text{ 系统处于可用状态}\\ 1, & \text{时刻 } t \text{ 系统处于不可用状态}\end{cases}$$

则系统在时刻 t 的瞬时可用度为

$$A(t)=P\{X(t)=0\} \tag{2.7}$$

瞬时可用度只涉及系统在时刻 t 的可用状态，与此前系统是否故障或是否修复无关。系统在 t 时刻的可靠性水平高，或者维修性水平高，均可以使系统保持较高的瞬时可用度。

(2) 稳态可用度

如果系统需要较长的时间连续工作，使用瞬时可用度有局限性。如果极限

$$A=\lim_{t\to\infty}A(t) \tag{2.8}$$

存在，则称 A 为稳态可用度。其中 $0\leqslant A\leqslant 1$，其值表示系统在长期使用过程中处于可用状态的时间比例。实际使用中，稳态可用度为某一给定时间内可用时间与总时间之比。通常有三种常用的稳态可用度。

1) 固有可用度

固有可用度是只考虑系统实际工作时间和修理时间的稳态可用度。如果用 A_i 来表示，则

$$A_i=\frac{t}{t+t_r}=\frac{t_{MTBF}}{t_{MTBF}+t_{MTTR}} \tag{2.9}$$

其中，t 为总的工作时间；t_r 为总的实际修理时间，包括准备、故障定位与排除、更换部件及最终检验等的时间；t_{MTBF} 为平均故障间隔时间；t_{MTTR} 为平均修理时间。

固有可用度反映了系统可靠性和维修性的固有属性，未考虑预防性维修时间、保障延误时间、行政延误时间，因而一般不能用于实际使用条件下的系统可用性评价。但由于其所需参数易于获得，也易于使用，在系统方案论证以及型号研制阶段经常采用。

2）可达可用度

为使系统处于可用状态，维修活动应该包括修复性维修和预防性维修，如将系统的不能工作时间定义为预防性维修时间和修复性维修时间之和，此时的稳态可用度为可达可用度。

用 A_a 表示系统的可达可用度，则有

$$A_a = \frac{t}{t + t_{at}} = \frac{T_{bm}}{T_{bm} + t_{MDT}} \tag{2.10}$$

其中，t_{at} 为维修时间，包括实际修理时间、管理时间和后勤时间；T_{bm} 为平均维修间隔时间，t_{MDT} 是平均维修时间。

显然，可达可用度没有考虑保障延误时间和行政延误时间，是系统所能达到的可用度的最大值。但是对于像飞机这样的复杂系统，可达可用度往往不能达到，只能反映系统的一个理想状态。

3）使用可用度

使用可用度是基于能工作时间和不能工作时间的可用性度量。在飞机不能工作的时间内综合考虑了预防性维修时间、修复性维修时间、保障延误时间和行政延误时间等，较为全面而真实的标出了实际使用情况下系统的可用状态。可用度表示如下：

$$A_o = \frac{\text{工作时间} + \text{待命时间}}{\text{工作时间} + \text{待命时间} + \text{维修时间} + \text{延误时间}} \tag{2.11}$$

$$A_o = \frac{T_{bm}}{T_{bm} + D} \tag{2.12}$$

其中，T_{bm} 为平均维修间隔时间，D 为平均不能工作时间。

使用可用度与武器系统涉及特性、维修机制、维修作业和保障系统密切相关，同时还受到管理水平和人员技术水平等因素影响。

固有可用度、可达可用度和使用可用度分别从不同的范围描述系统的可用性。由于考虑影响因素的不同，一般情况下可以认为 $A_o \leqslant A_a \leqslant A_i$。通过合理的设计、科学的管理和有效的维修活动，可以使使用可用度和可达可用度逐步接近固有可用度。

(3) 平均可用度

系统在一段时间[0,t]内瞬时可用度的均值，称为平均可用度。记为 $\overline{A}(t)$

$$\overline{A}(t) = \frac{1}{t}\int_0^t A(t)\,\mathrm{d}t \tag{2.13}$$

由可用度的定义可知，若想提高系统可用度，一方面要增加能工作时间，一方面要缩短不能工作时间。各种时间成分以及影响因素的相互关系如图 2.2 所示。

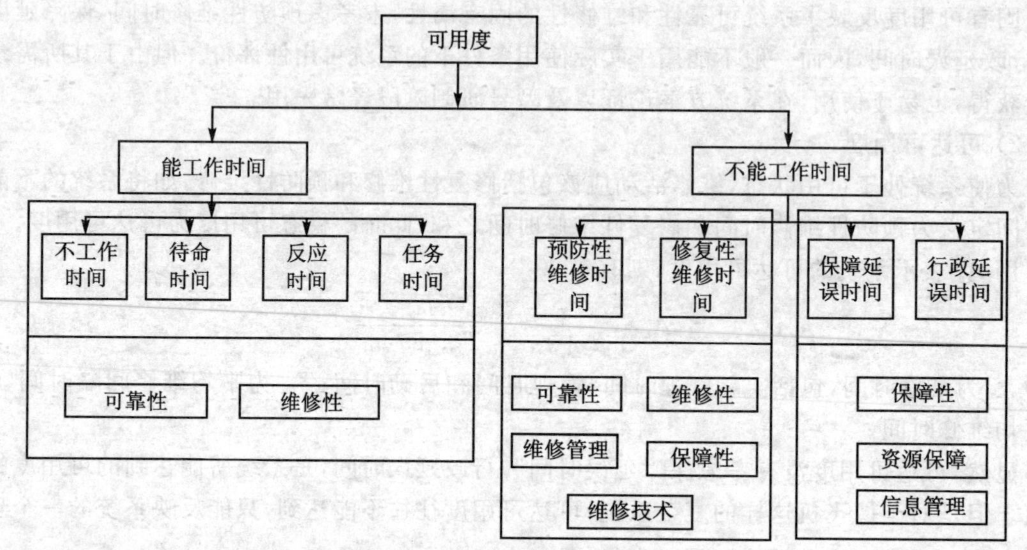

图 2.2　可用度的影响因素以及时间分解

在实际应用中，系统可用性通常用使用可用度、出动架次率、储存可用度、能工作时间比等参数来度量。对飞机系统而言，常用的可用性参数见表 2.1。

表 2.1　飞机常用的可用性参数

参数名称	定义及其适用范围
固有可用度 A_i	仅与工作时间和修复性维修时间有关的稳态可用度
可达可用度 A_a	仅与工作时间、修复性维修和预防性维修时间有关的稳态可用度
使用可用度 A_o	与能工作时间和不能工作时间有关的稳态可用度
出动架次率 SGR	描述飞机战时的可用性，每架飞机每天出动的次数
能执行任务率 MCR	飞机处于在编状态，一架飞机至少能执行一项规定任务所占时间的比率
储存可用度 SA	飞机在规定的储存条件下和规定的储存寿命内，当要求执行任务时，处于能工作或可使用状态的概率

2.2.2　系统可信性分析

(1) 可信性的概念和度量

可信性是指系统在任务开始时可用性给定的情况下，在规定的任务剖面中的任一随机时刻，能够使用且完成规定功能的能力。可信性的实质是描述系统在完成任务期间所处的状态，即能否连续工作。它受系统任务可靠性、任务维修性、安全性和生存性等因素的影响。

可信性的概率度量是可信度。在式(2.2)的效能模型中,可信性表示为装备在某一任务期间条件概率的矩阵,其元素分别表示装备各个初始状态从任务开始到任务结束时的状态转移概率。在已知系统的可靠性、维修性和某些基本参数(如平均故障间隔时间和平均修复时间)的情况下,可信性一般可以直接通过式(2.2)计算得到。

这样得到的系统效能通常是对装备"相对静态"效能的一种度量。是在无人为敌对威胁条件下正常使用时可持续任务能力的描述。这种情况下,可信性主要取决于系统在正常条件下的可靠性、维修性、保障性等特性,可信度计算也比较简单,一般只需要考虑系统平均故障间隔时间、平均修复时间、任务成功概率和致命性故障间的任务时间等参数。然而,事实上对作战飞机而言,在执行任务过程中,由于敌方装备所具有的效能而可能使飞机部分效能不能得以产生或发挥,如受电子战干扰使警戒系统失灵,受打击、遭到破坏而使部分装备不能工作等,从而影响作战任务的完成。因此,如果考虑实际作战对抗环境,飞机的生存性就成为飞机可信性的主要内容。

飞机的生存性是指飞机避开或承受人为敌对环境的能力。详细地说,就是飞机在敌对环境下作战时能避免被敌人发现,或虽然被发现但能避开其攻击,或虽然受到攻击并被击中但能承受打击并保持一定作战状态的能力。生存性主要包括敏感性和易损性两个概念,前者衡量飞机系统避免被对方发现和击中的能力,后者衡量飞机系统被击中后不被杀伤的能力。

飞机的敏感性用击中概率 P_H 来度量,它是飞机被探测到的概率 P_d 和探测到后被敌方击中的概率 $P_{H/d}$ 的乘积,即

$$P_H = P_d \cdot P_{H/d} \tag{2.14}$$

飞机的易损性用被击中一次后被杀伤的条件概率 $P_{K/H}$ 来表示,这样飞机的杀伤概率 P_K 可表示为

$$P_K = P_H \cdot P_{K/H} = P_d \cdot P_{H/d} \cdot P_{K/H} \tag{2.15}$$

飞机被一次攻击后的生存性用生存概率 P_s 来表示

$$P_s = 1 - P_K \tag{2.16}$$

显然,当飞机遭受 n 次独立打击后仍能生存的概率 $\bar{P}_s^{(n)}$ 为

$$\bar{P}_s^{(n)} = P_s^{(1)} \cdot P_s^{(2)} \cdots P_s^{(i)} \cdots P_s^{(n)} \tag{2.17}$$

其中,$P_s^{(i)}(i=1,2,\cdots,n)$是飞机能承受第 i 次打击而生存的概率。

需要说明的是,由于生存性对飞机作战能力发挥的重大影响和对飞机完成作战任务的极端重要性,有的研究者也把生存性纳入作战能力分析中。

(2) 与可信性相关的一些特性及度量

1) 可靠性

可靠性是系统效能的重要属性,它反映了由于物理故障而引起的系统性能退化程度。物理故障一般有两类,一类是突然故障(如电容短路或断路);一类是渐变故障(如电阻值改变或放大器增益变化)。事实上,突然故障不一定对系统性能有灾难性影响,而某些渐变故障可能

造成这种影响。可靠性分为固有可靠性和任务可靠性。前者指产品从设计到制造过程中确定的内在可靠性。使用可靠性考虑了使用、维修对产品可靠性的影响。

对可靠性而言，最基本的指标是系统在使用期间在给定条件下不出现故障的概率。若系统在运行期间不可修复且不能带故障工作，则系统可靠性指标就是可信性指标；如果运行期间系统可以修复，则当系统具有 k 个故障状态时，可信性指标是 k 阶方阵，而可靠性指标则为可信性方阵的对角元素。

系统可靠性评估的类型基本有三种：

① 在研制初期，对给定的设计方案预测其可靠性。

② 在设计阶段，通过可靠性评估检验可靠性设计或元部件可靠性分配是否恰当。

③ 在武器系统使用阶段，通过评估系统可靠性来评估系统效能。

从物理可测和便于分析研究出发，度量元件或系统可靠性的常用指标有故障率 $Z_d(t)$、可靠性函数 $R(t)$ 和平均故障间隔时间等。

设在 $t=0$ 时刻有 m 个元件投入运行，在任意 t 时刻的剩余元件数为 $s(t)$，则故障率 $Z_d(t)$ 表示时间区间 $t_i<t\leqslant t_i+h_i$ 内故障元件数与该时间开始时剩余元件数的比值再除以区间长度，即

$$Z_d(t)=\frac{s(t_i)-s(t_i+h_i)}{s(t_i)h_i},\quad t_i<t\leqslant t_i+h_i \tag{2.18}$$

可靠性函数 $R(t)$ 是元件或系统在给定条件下，在规定工作时间 t 内良好工作的概率。设 T 为某类元件或系统能良好工作的持续时间，则可靠性函数为

$$R(t)=P,\quad (T>t) \tag{2.19}$$

对可修复系统，平均寿命指的是平均无故障工作时间，即用平均故障间隔时间 MTBF (Mean Time between Failure) 度量可修复系统的平均元件寿命，对不可修复系统，平均寿命是系统失效前的平均工作时间 MTTF(Mean Time to Failure)。事实上，可修复系统或元件的平均工作时间在统计意义上和平均故障间隔时间是相等的，为了方便起见，对于负荷常故障假设的情况，无论是可修复系统还是不可修复系统，均采用 MTBF 作为可靠性评价指标。

2）维修性

维修性是指产品在规定条件下和规定时间内，按照规定的程序和方法进行维修时，保持或者恢复其规定状态的能力，其概率度量称为维修度。

如果以随机变量表示产品发生故障后修复到完好状态的时间，用 τ 表示某一指定时间，则产品在该时刻的维修度为

$$M(t)=P,\quad (\tau\leqslant t) \tag{2.20}$$

安装描述问题和关注重点不同，维修性分为基本维修性和任务维修性。基本维修性是当运用规定的程序和资源，在每个规定的维护和修理级别上，由规定技术水平的维修人员来执行维修时，产品保持或恢复到规定状态的能力。任务维修性是产品在规定的任务剖面内，经维修

能保持或者恢复到规定状态的能力，它所关注的是在执行任务期间，在实际使用条件下和时间限制内，有效保持和恢复功能的能力。

此外，和可信性相关的还有保障性、安全性等概念，此处不再阐述。

在不考虑具体的作战环境时，系统自身具有的可信度可用表示为任务可靠度 R_M 和任务维修度 M_t 的函数

$$D = R_M + (1 - R_M)M_t \tag{2.21}$$

对于作战飞机来说，在飞行过程中一般是无法进行维修的，因此其任务维修度 $M_t = 0$，此时直接用任务可靠度来度量其可信度。

2.3 评估飞机作战能力的基本方法

具体到作战飞机而言，作战能力的评估方法约可分为五类：性能对比法、计算评估法、专家评估法、计算机模拟法和试飞、打靶演习法等。每类方法都有各自的优缺点，适合一定的应用范围，但是很多时候不同方法需要互相补充才能更好地进行评估。

(1) 性能对比法

约从二战初期到 20 世纪 60 年代初，作战飞机使用的武器主要是航炮和炸弹。各种航炮和炸弹的威力比较接近，因此飞机作战能力主要由其性能决定，对比其作战能力仅仅需要对比飞机性能即可。而在对地攻击能力方面主要比较其载弹量和作战半径。

在比较作战飞机空战能力的时候常常选用如下参数：飞行包线、稳定盘旋性能、瞬时盘旋性能、爬升率、纵向加减速、过载等。这些项目中，飞行包线是飞机在不同高度允许的和可以达到的马赫数范围，而其他参数都是高度和马赫数的函数。这样可以得到作战飞机相对作战的有利空域，却不能得出一个衡量飞机作战能力的综合量化值。20 世纪 60 年代后期，美国人提出“能量机动性”的概念，建立一个关键参数“单位重量剩余功率”(SEP)，其计算公式为

$$\mathrm{SEP} = \frac{(T - D)V}{G} \tag{2.22}$$

其中，$(T-D)$为飞机剩余推力，V 是飞行速度，G 为飞机重量。

除了瞬时盘旋性能只与最大可用升力系数和翼载荷有关而与 SEP 无关外，其他性能参数均与它有关。因此在不同高度和马赫数条件下画出飞行包线内的 SEP 曲线之后，就可以确定飞机性能好坏。

随后战斗机的武器发展到使用空空导弹，于是瞬时盘旋性能的重要性日益突出。1979 年英国宇航公司提出“空战相关参数”(Combat Correlating Parameter)来衡量战斗机的空战性能。其值为最大稳定盘旋性能的 1.5 次方乘以最大瞬时盘旋性能，再乘以 SEP。当时考虑的主要武器仍然是航炮，第一代空空导弹也只能尾后攻击，因此对稳定盘旋性能特别重视，给以 1.5 次方的加权值，盘旋性能的度量值可以采用相应的盘旋角速度。随着空空导弹具有离轴

发射能力，只要飞机机头指向目标，与目标连线相差的角度不超过允许离轴发射角即可发射导弹。因此战斗机的瞬时盘旋能力将比稳定盘旋能力更重要，计算“空战相关参数”时，应对瞬时盘旋能力以更多加权值。

性能对比法除了用 SEP 和“空战相关指数”之外，不易得出一个简单而又全面的衡量指标，因此评估飞机作战能力时还要结合其他方法。

(2) 计算评估法

计算评估法是选择与作战飞机效能密切相关的参数，按一定规律进行计算，得出代表效能的指标或者效能高低代表值的方法。计算评估的结果通常有五种表达形式：

① 顺序评估法：选择几种不同型号的飞机，只区分某些参数，然后进行加权和排序。

② 相对值评估法：以参加对比的飞机中某参数良好的作为标准，给定一个分数（如 100），其他飞机的该参数分数用相对值求出，最后进行综合比较。

③ 相对指数法：将飞机的效能用一个不大的数值表示，通常称为效能指数（Index），如采用速度性能指数、盘旋性能指数、生存力指数等相乘，再除以 300，从而得到综合性能指数。

④ 概率法：计算出飞机完成一定任务的概率，概率高则效能就高。

⑤ 数量法：计算完成某种任务所需要的飞机数量。

用计算评估法评估作战飞机作战能力所选用的对比参数一般可以分为三类。

① 一类是按作战要求选择，如对地攻击能力、夜间作战能力等。

② 一类是按作战飞机主要性能以及武器威力选择，如航程、升限、导弹射程等。

③ 一类是按飞机以及武器的主要技术参数选取，如翼载荷、推重比、最大允许飞行表速等。

这三类参数一般在同一种方法中不混用，但是有时候是混合使用的，如前联邦德国的 D. 伊劳尔提出的评价歼击机效能的公式，即

$$E=\frac{TS^2(\mathrm{SEP})MRW^3B^4}{G^3G_rV} \tag{2.23}$$

其中，T 为飞机推力，S 为机翼面积，SEP 为单位重量剩余功率，M 为机动性，R 为最大作战半径，W 为预警能力，B 为机载武器性能，G 为飞机重量，G_r 为飞机特征参数，V 为飞机易损性。

运用计算评估法首先要解决的问题是如何选择评估参数。对不同的作战飞机应按其主要任务选择关系最密切的参数。选好评估参数后，就要考虑用什么具体方法才能进行定量分析。有些参数一时难以通过技术计算得出结果，则只能采用专家评估法评定优劣。因此，计算评估法在必要时还得综合利用其他方法评估的结果。

(3) 计算机模拟法

用计算机进行作战模拟求作战能力的方法分为两大类：一类是单纯通过计算，有时增加一些飞机运动轨迹显示结果；一类是用作战仿真方法，制成空战模拟器进行作战能力评估。这两类方法都只是求得作战能力优劣对比，忽略可用度和可靠度等因素。模拟计算都是根据飞机

的确切数据和运动方程逐步计算出飞机的运动轨迹进行“空战”,可信度较高。其中的关键问题是如何决定飞机的下一步动作,即所谓“运动判据”问题。如果判据已经实现输入计算机,则“空战”可以自动进行。有的模拟计算是半自动的,飞机动作的决定有人的因素在内。人工参与进行空战便于研究战术,但是“空战”的胜负很大程度上与参与人员素质有关,所以重复性差。为了得出飞机本身优劣的结论,需要多次交换人员进行实验才能得出统计平均值。而全自动空战模拟重复性好,模拟一次就可以得出结果,但其可信度取决于“运动判据”的逼真程度和输入的原始数据准确性。

空战模拟器是在计算机模拟的基础上发展起来的,不过还包括几个重要部分,如内外景象显示系统、运动模拟系统、记录系统和教员控制系统等。计算机模拟法的使用需要相当的投资,但是与战斗机的价格相比,空战模拟器的投入比较便宜,而且可以重复使用,同时使用安全,不会发生机毁人亡的事故。

(4) 专家评估法

最早的武器装备效能评估法是专家评估法,比较简单的办法是由若干专家根据自己的经验和知识,开会讨论得出一个统一的意见,或者多数人同意的意见。后来有“德尔菲”法和层次分析法,通过征求较多专家的意见进行评估,这两种方法对处理专家意见,特别是很多不同意见时更科学一些。“德尔菲”法更适用于征求数量较大的专家意见时采用,作为飞机作战能力评估应用不多,而多用层次分析法来处理专家意见。

(5) 试飞、打靶和演习

对作战飞机进行效能评估时,应用的基本数据要尽量采用试飞及打靶的结果,除非在迫不得已的情况下才用公开资料或者理论估算值。如果有条件进行数据可信度校核则更好,防止基本数据失误,得出错误的效能评估结论。

作战演习是评估作战飞机效能的方法之一。问题是如何获得新型的需要进行对比的外国作战飞机。如果没有真正的对方的飞机进行对比,一般采用性能和几何尺寸相似的飞机来近似。飞机作战对抗演习的结果常常用来与理论计算或专家评估的结论进行对照,但是不能说演习的结果就是最可信的,因为演习时有很多限制和先决条件,例如飞行员、对抗采用的飞机等并不是真实的敌方人员和飞机,并非实际作战状态。

试飞、打靶时需要很多费用、人力、物力,还必须具备很多条件,组织一次很不容易。其作用并非简单的为了评估飞机作战能力,还用来研究战术、指挥、管理等问题。

作战能力评估到底采用什么方法,主要由评估目的、数据条件和时间限制等因素决定。有些方法需要很长时间,有的方法需要数据很多。如果要很快知道评估结果,这些方法就不适用。所以在选择评估方法之前,首先要了解评估的目的、具备的条件和时间要求等。

第3章 军用直升机及武器系统

3.1 引 言

直升机自诞生之日以来,始终与军事应用紧密联系。目前,军用直升机的数量在所有直升机中占总数的一半以上,可以说军用直升机是直升机家族中最大的成员。由于直升机本身有其他飞行器难以企及的特性,使其适合从事多种战斗任务。直升机的作战样式主要集中在打击地面、水面(水下)目标,争夺超低空的制空权;为己方直升机护航、运送作战人员、武器装备和各种军用物资、器材,实施战场机降等战术运输任务;执行空中侦察任务和其他战勤任务等几个方面。集中起来分为三类:直接对敌作战,武装攻击;实施空中机动,执行战场运输使命;担负多种战斗勤务和保障任务。这三类作战使命,使军用直升机可以分为武装直升机、运输直升机和战斗勤务直升机三大类。

武装直升机从自身的作战任务出发需要挂载多种武器系统。机载武器系统通常包括:反坦克(装甲)导弹、反舰导弹、空空导弹、航炮、火箭及机枪等。按不同的作战任务,可有多种武器配挂方式。目前,大多型号的武装直升机都具有配带上述多种武器的能力,可以执行多种攻击任务,称为"一机多用"。但由于飞行重量*、性能及使用等多方面的要求或限制,也有专门或主要执行某种任务的武器搭载方式。

3.2 军用直升机按用途分类

3.2.1 武装直升机

装备武器系统,用于攻击地面、水面(或水下)及空中目标的直升机也称为攻击直升机或战斗直升机。武装直升机又可细分为以下几种:

① 攻击直升机　主要执行对地面目标的攻击任务,也可携带空空导弹或航炮,具有对空攻击或自卫的能力,但其主要使命是配合地面部队作战,用于消灭敌方装甲等各种软硬目标,实施火力支援,这是现代武装直升机的主要用途。

② 空战直升机　也可称为"歼击直升机",主要用于对付空中目标——敌方直升机、低空

---

* 重量:表示飞机受到的重力。

飞行的固定翼飞机或其他飞行物，争夺超低空制空权，也可为我方运输、战勤直升机护航。

③ 反舰直升机　主要执行攻击敌方舰船目标的任务。

④ 反潜直升机　装有搜索和探测潜艇的设备及鱼雷、深水炸弹等武器，主要执行反潜作战任务。

3.2.2　运输直升机

执行运送作战人员、武器装备及各种军用物资、器材等任务。这类直升机可有大小不等的运载能力，部分机型带有机枪等自卫武器。

3.2.3　战勤直升机

用于执行各种特定作战勤务直升机的统称。按专门执行侦察、通信、指挥、电子对抗、校射、救护、营救、布雷、扫雷、中继制导和教练等不同任务的需要，直升机配备有完成特定使命的机载任务设备，成为某种专用的战勤直升机。

① 侦察直升机　配备专用侦察设备，执行空中侦察任务。

② 通信直升机　携带专用通信设备，用于执行空中通信(或中继通信)任务。

③ 指挥直升机　携带作战指挥、观察、通信等设备，用于实施空中指挥(主要是对己方直升机进行指挥)。

④ 电子对抗直升机　配备电子对抗设备，执行电子对抗任务。

⑤ 校射直升机　配备空中校射设备，可深入敌纵深，将敌火力、运动目标和指挥所等目标信息后传，为炮兵指示目标和校正射击提供准确的数据和诸元。

⑥ 救护直升机　配备担架、备有医护人员及简易救护设备，将伤病人员运送至医院或指定地点。这类直升机通常用运输直升机加装担架(可快速拆装)等设施而形成。

⑦ 营救直升机　装有搜索、救援(如救生绞车、急救医疗设备等)和精确定位设备，用于对遇险人员的救援(如对紧急跳伞着陆飞行人员的寻找和救生)。

⑧ 布雷、扫雷直升机　携带布雷或扫雷设施，实施布雷、扫雷作业。

⑨ 中继制导直升机　携带导弹制导设备，能将目标信息传输给飞行中的导弹，并导引导弹命中目标。

⑩ 教练直升机　具有双座、双操纵系统，专用于飞行员的训练。通常是在这种直升机上进行驾驶术训练；而战术飞行训练，应在武装、运输或各种战勤直升机上进行。

3.3　攻击直升机

3.3.1　对地攻击直升机

由于直升机具有良好的超低空飞行能力，能够超越各种天然障碍，具有从空中对地面目标进行多方向、多角度的攻击优势，使其成为打击地面目标，尤其是装甲目标的有利武器。在海湾战争中美军投入300架“阿帕奇”AH-64A武装直升机，并曾以6架武装直升机对坦克群模拟攻击，在短时间内“击毁”坦克60辆，综合作战能力为1:10。

对地攻击直升机攻击的主要目标包括：各种主战坦克及其他用途的坦克；各种装甲车辆，包括步兵战车、装甲输送车、侦察指挥车；具有装甲保护的自行压制兵器和自行反坦克兵器等。作为地面作战的主要装备——坦克、装甲车辆在现代战场上软硬目标的比例为：硬目标（坦克）占30%，半硬目标（装甲车辆）占40%，这样反坦克、反装甲成为对地攻击直升机支援地面战斗的主要任务。在近、中、远距离的反坦克火力配系中，直升机主要承担4 000 m以外的远程攻击任务，由于其作战半径为100 km，可以在远离前沿的纵深地带进行反装甲目标的战斗。

最早的对地攻击直升机出现于20世纪70年代。第一代武装直升机的代表是美制AH-1“眼镜蛇”（图3.1）和俄制米-24“雌鹿”直升机（图3.2）。这两种武装直升机分别在越战和阿富汗战争中得到实战的检验。这两种直升机均采用细长机身，座椅采用前后纵列布局，可为驾驶员提供较开阔的视野；驾驶舱和机上重要部位都有装甲防护；机载设备较以往有了较大改进，装备有平视显示器、火控计算机等设备。

图3.1　AH-1“眼镜蛇”攻击直升机

第二代直升机从20世纪80年代开始，代表机型是美制的AH-64A“阿帕奇”（图3.3）和俄制卡-50“黑鲨鱼”（图3.4）和米-28“浩劫”。这一代攻击直升机研制十分重视直升机的全天候、昼夜作战能力，加强了直升机自身的隐身设计，改进关键部分的设计和材料，强调飞行人员的存活率和自身生存力，同时加强了机载电子设备，增加了火力，可携带多种武器完成各种任务。这里值得一提的是卡-50直升机。它是第一种采用弹射救生系统的、共轴式双旋翼武装直升机，而且是第一种单座武装直升机，其飞行性能十分出众，除具有强大的反坦克能力外，更强调空战能力。

图 3.2 米-24“雌鹿”攻击直升机

图 3.3 AH-64A“阿帕奇”攻击直升机

目前，武装直升机不断向前发展，上述三种武装直升机分别发展新的机型，以 AH-64A“阿帕奇”为基础的 AH-64D“长弓阿帕奇”(图 3.5)在顶部加装“长弓”毫米波雷达，在任何环境条件下实施精确搜索、探测、识别和锁定目标。卡-52，米-28N 都是新机型，同样各自在多个方面进行了改进，增加了能保证在夜间和恶劣气象条件下作战的各种设备，例如米-28N 在旋翼轴上方装备了毫米波火控雷达。

图 3.4　Ka－50“黑鲨鱼”攻击直升机

图 3.5　AH－64D“长弓阿帕奇”攻击直升机

3.3.2　空战直升机

空战直升机也可称为“歼击直升机”，主要用于对付空中目标——敌方直升机、低空飞行的固定翼飞机或其他飞行物，争夺超低空(通常是高度 150 m 以下)制空权，也可为己方运输、战勤直升机护航。

一般而言，空战直升机不单独作为类型加以研制，而是采用攻击直升机加挂空战作战武器配置单元、加挂空空导弹和机炮来实现打击敌方的攻击直升机和其他直升机。早在 20 世纪 70 年代初研制米-24 武装直升机时，军方就提出直升机空战的不可避免性，改进的米-24E 加装了 2 门 23 mm 航炮，并能在短翼上加挂空空导弹，之后又发展了米-24F 空中格斗型。1990 年装备部队的卡-50 直升机，装备有一门 30 mm 口径航炮，有效射程 1 500 m，备弹 500 发，另外在短翼上装备红外制导 SA-24 空空导弹。欧美国家新型直升机大多加装了可用于空战的装备于炮塔上的航炮和“毒刺”、“响尾蛇”、“西北风”等空空导弹。目前，空战作用最为明显的武装直升机是俄制的新型米-28N 直升机(图 3.6)，其机动性更强，火力更强大。

图 3.6　米-28N“浩劫”攻击直升机

从直升机空战的统计数据可以看出，从 1979 年 8 月至 1982 年 6 月，在两伊、中东、英阿战争期间，就发生过 28 次直升机与敌方战斗机和直升机之间的战斗，其中战斗机与直升机的空战占了很大部分。但是由于现代战争中直升机大多采用超低空贴地飞行，可以充分地利用地形地貌，尤其是直升机大量配备先进的警报系统后，更可以等到战机企图以雷达攻击时才从容躲避。英国曾以美洲豹运输直升机进行测试，当雷达威胁警报器侦测到战机的模拟锁定时，立刻进行小半径急转弯并投掷干扰丝，由于速度愈低，其转弯率反而更高，这种战术证实可以有效迫使直升机脱锁。60 m 高度以下是低速螺旋桨小飞机或直升机的天堂，也只有同样低速的飞机才能有效拦截，所以直升机之间的空战越来越受人重视。直升机空战特点明显区别于固定翼飞机的空战，它们大多在低空近程发生，受环境影响严重，武器范围较侦察范围大，其战术机动性能要求——最大转弯角速率、最小转弯半径、垂直机动要求有自己独特的特点，因此空战直升机对于直升机敏捷性、机动性，以及机载的目标探测系统、武器系统提出很高的要求。

3.4 运输直升机

运输直升机能够运载突击部队和突击兵器实施空中机动，机降到有军事意义的地区突袭敌人，它已经成为地面部队实施空地一体作战、战场技术保障和垂直登陆的重要工具。运输直升机按照起飞重量分为三类：起飞重量为 20 t 以上称为重型运输直升机，8～20 t 的为中型运输直升机，8 t 以下的为轻型运输直升机。运输直升机主要特点有：

① 不受地面条件限制，能准确地将作战人员和物资运送到预定地点，这是它要完成的主要任务，也是其主要特点之一。

② 能快速有效地完成战场机动任务。与徒步、车载等地面机动方式相比，重型运输直升机实施空中机动具有速度快的突出特点。运输直升机在空中直线飞行，运输速度快且效率高，而飞机、火车甚至汽车一般都还需要二次运输。

③ 可与地面部队密切协同，随时配合地面部队行动，将战斗人员、武器弹药和各种后勤补给运送到最急需和最适合的地点。

④ 运输方式隐蔽，便于保存自己。

对于运输直升机，轻型多用途运输直升机和重型运输直升机是目前各国运输机研制、发展的主要目标。

3.4.1 轻型多用途运输直升机

作为重点发展的对象，轻型多用途运输直升机的特点主要是：灵活敏捷，可以隐蔽接敌，特别适合执行特种作战任务；用途广泛，可以加装武器和其他装备，实现“一机多用”；造价低，相对重型运输直升机而言，可以大量装备部队。例如，UH－60“黑鹰”（图 3.7）是轻型战术运输直升机，美陆军即装备了 1 000 多架。UH－60“黑鹰”有部分型号还装备机枪、“地狱火”导弹和火箭弹，有的装备其他装备成为战勤直升机，可以完成多种任务。意大利主要装备有 A109（图 3.8），A119（图 3.9）等轻型多用途运输直升机。

图 3.7　UH－60“黑鹰”运输直升机

图 3.8　A109 多用途直升机

图 3.9 A119 多用途直升机

3.4.2 重型运输直升机

重型运输直升机是指起飞重量大于 20 t 的运输直升机。由于重型直升机有较快的速度，运载能力大，能装运重型武器装备，且无需机场起降，所以越来越受到各国的重视，并在战争中频繁使用。为使其快速反应部队具备快速机动、快速部署和较强的突击能力，美国、欧洲一些国家大量装备了 CH－47(图 3.10)系列重型运输直升机，能在几小时内由基地机动至几百千米以外地区。俄罗斯装备的米－6、米－10、米－26(图 3.11)都是重型运输直升机，其中 1968 年试飞的米－12，正常起飞重量 97 t，最大起飞重量 105 t，创造了运输直升机起飞重量的世界之最，我们周边的国家如日本、印度都着力发展重型运输直升机，提高自身的快速投放能力。

重型运输直升机主要作用为：

(1) 机降地面部队和重型装备

重型运输直升机有效载荷大，运输效率高。如 CH－47D 主舱内可乘坐 33～35 名武装士兵，可吊挂 11 793 kg 货物；而米－26 能载 80 名全副武装士兵。海湾战争中 101 空中突击师以 CH－47、“黑鹰”等运输直升机为运输力量，在 AH－64 武装直升机保护下实施纵深突击机降作战，很快将三个空中突击营的 2 000 人、50 辆军车和榴弹炮、大批燃料和弹药机降到伊纵深 80 km 的位置，紧接着美军大批运输直升机连续空运 12 h，向这一地区运送了数以千吨物资，开辟了一个面积 150 km^2 的前进基地。

(2) 运送武器弹药等作战物资

重型运输直升机可采用内装或外吊方式，将各种武器、弹药或其他作战物资，运送到作战地点。如，用于吊运榴弹炮，一架 CH－47 重型运输直升机可同时吊运 5 门 155 mm 口径榴弹炮。

(3) 后勤支援运输

重型运输直升机可到达战场前沿甚至战斗区域，为战斗部队及时、准确地运送弹药、油料、粮食、被装等作战急需物资。

(4) 海上垂直补给运输

舰载或岸基重型运输直升机可为海上执行各种任务的舰船和直升机提供后勤支援，运送它们所需的作战器材、物资和生活必需品。在登陆作战，或海上交通线、港口被敌封锁等情况下，直升机的海上垂直补给将发挥重要作用。

重型直升机构型多种多样，现在正在服役或正在研制的重型运输直升机主要有美国纵列式双旋翼构型的 CH－47 系列、单旋翼带尾桨构型的 S－80(CH－53)系列和正在研制中的倾转旋翼机 V－22 系列；俄罗斯有单旋翼带尾桨构型的米－26 系列。

图 3.10　CH－47 重型运输直升机

图 3.11　米－26 重型运输直升机

3.5　战勤直升机

战勤直升机涵盖了除作战、运输外的所有任务，各种任务要求都要有相应种类的战勤直升机与之对应，考虑本书主要讨论内容，这里只介绍侦察直升机。

直升机侦察任务是航空侦察的重要组成部分，是现代战争中掌握和搜集战场情报中的重要手段之一。直升机具有低空、低速和悬停的飞行特点，再配以良好的侦察设备，就可以灵活机动的探测、截获目标，其探测范围宽、纵深大，探测结果可靠。其主要的探测方式主要有：目视侦察、照相侦察、电视侦察和雷达侦察。直升机可在 1 000～3 000 m 高度对纵深 10 km 目标实施照相侦察；采用电视侦察，稳定传输信号距离 50 km 以上；机载侧视雷达可以实施远程、大纵深侦察，其作用距离 75～150 km，全天候工作。外军大量装备侦察直升机和具有侦察能力的多用途直升机作战，其中专用侦察直升机有美军的 OH－58、德军的 BO105 等。OH－58D(图 3.12)侦察直升机的桅顶瞄准具系统中包括 1 具电视摄影机、1 具热像仪、1 具激光测距/目标照射器以及 APR－39 雷达预警系统和各种频率的通讯系统。

图 3.12　OH－58D 侦察直升机

3.6　军用直升机武器系统

现代武装直升机机载武器系统通常包括:反坦克(装甲)导弹、反舰导弹、空空导弹、航炮、火箭及机枪等。如表 3.1 所列。按不同的作战任务,可有多种武器配挂方式(如虎式战斗支援型有 5 种配置方式,如图 3.13 所示)。通常一种型号的武装直升机具有配带上述多种武器的能力,可以执行多种攻击任务,称为"一机多用"。

表 3.1　目前国外主要武装直升机装备的武器

机　种	国　家	现　状	空空导弹	空地导弹	火箭弹	机枪炮
AH－64D	美	现役	AIM－9L、FIM－92	AGM－114L	70 mm	30 mm
卡－52 (图 3.14 所示)	俄	在研	AT－9、AT－16	AT－9、AT－16	57、70、81mm 等	30 mm
米－28N	俄	在研	AA－8、SA－14	AT－9、AT－16	57、70、81 mm 等	23、30 mm
米－24	俄	现役	AA－8	AT－9、AT－16	57、81 mm 等	30 mm
"虎"系列	德、法	现役	西北风、FIM－92	TriGAT、HOT2T	68、70 mm	12.7、30 mm

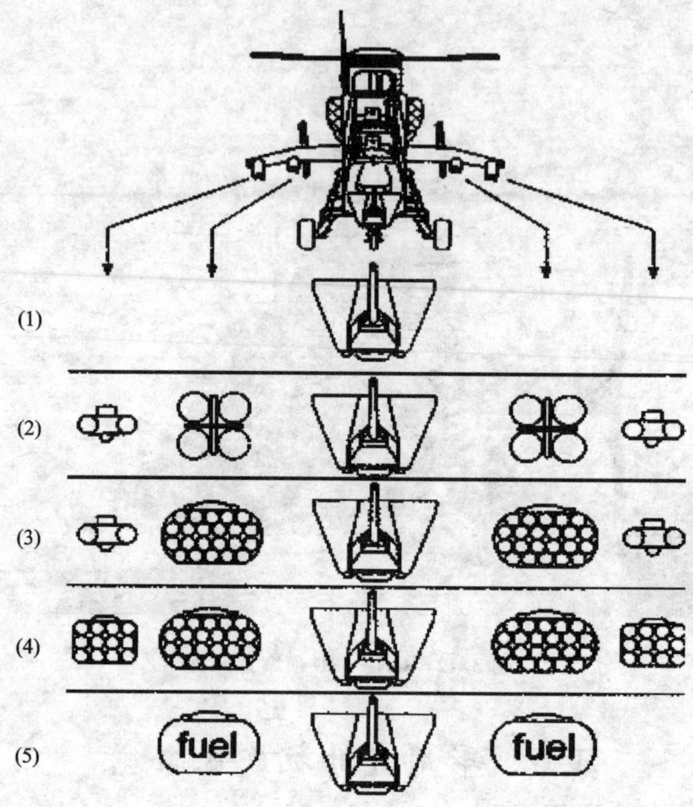

(1) 机炮(450 发)
(2) 机炮+8 枚"霍特"+4 枚"西北风"
(3) 机炮+44 枚火箭+4 枚"西北风"
(4) 机炮+68 枚火箭
(5) 机炮+2 个副油箱 700 km 航程

图 3.13 虎式战斗支援型 HCP 武器配置方式

3.6.1 反坦克导弹

对于对地攻击直升机来说,反坦克导弹有最远的射程,可以将自己暴露给敌方的时间降到最短,对于地面目标,尤其是装甲目标具有较高的效费比,使其成为对付地面目标最好的武器。

反坦克导弹的发展主要历经三个阶段。

第一阶段:主要在 20 世纪 60 年代中期前,主要有苏制 AT-3 萨格尔导弹、法制 SS-10 导弹、日本的 64 式导弹,国产的红箭-73 等。其技术特点是战斗部采用聚能炸药,最大破甲厚度为 350~500 mm,制导方式为目视瞄准+有线制导指令,也就是手动线制导,这种方式导弹后面带有传送控制信号的导线，发射后射手要靠视力将导弹操纵至目镜的瞄准基线上，直至命中目标。缺点是导弹射速慢，飞行时间长，使直升机在射击过程中要悬停，暴露时间长，对射手要求也很高，另外其战斗部威力也较小。优点是机构简单可靠，易于大规模生产，不受电子干扰。

第二阶段：主要从 60 年代中期到 70 年代末，主要有苏制 AT-4/5 塞子导弹，美制龙式、陶式导弹，法、德联合研制的霍特导弹，国产的红箭-8、红箭-73C 导弹等。其技术特点是战斗部采用聚能装药，最大破甲厚度一般在 500～800 mm，有些达 1 000～1 300 mm，制导方式为目视瞄准＋红外自动跟踪＋有线传输指令，命中概率提高到 85%～95%。这种制导方式尾部也有导线，它是靠导弹尾部的一个红外线曳光管发出特定波长的红外线，发射架上有一个红外测角仪，采用半自动指令瞄准线制导。只需射手将稳定的光学瞄准具的十字线对准目标即可。红外测角仪自动测量导弹曳光管偏离瞄准线的角偏差，通过计算得出所需的横向加速度，再由导线传给导弹修正命令直到命中目标。这使得对射手的要求大大降低，同时导弹的飞行速度和对近距离目标的杀伤都有巨大改善。目前这种类型的导弹还是各国的主要装备，同样仍需要射手一直跟踪瞄准目标直到命中，射手易暴露，生存力较差，而且，红外方式易受热烟幕和战场上其他热源的干扰，且发射后切断的控制导线容易被旋转中的直升机的旋翼和尾桨卷住，造成危险。另外在 70 年代末期还出现由激光指示器照射目标，再通过导弹的激光导引头实施目标锁定来进行攻击的半主动激光制导导弹，如海尔法基本型。

第三阶段：从 80 年代开始，其典型代表包括苏制 AT-6 导弹，美制陶-2B、海尔法改进型导弹，中国红箭-9 等。其技术特点是战斗部采用聚能装药战斗部或攻击顶部装甲的战斗部或多级串联战斗部，最大破甲厚度一般在 800～1 000 mm，并具有反复合装甲、贫铀装甲等先进装甲的能力；制导方式为主动激光制导、激光集束、红外成像制导或多模复合制导，具有发射后不管的能力；采用先进的动力装置，提高导弹的速度和射程。

对于未来反坦克导弹而言，主要是针对新一代坦克所采用的复合装甲、贫铀装甲以及红外探测、激光预警等防护措施加以改进，同时要求有更强的抗干扰能力和全天候作战能力，将普遍采用激光制导、毫米波制导、光纤制导以及双模制导，提高抗干扰能力和恶劣气候条件下和夜间作战的命中精度，发展俯冲或飞掠式反坦克导弹以攻击坦克顶装甲，以及带自动寻的头的攻击坦克顶装甲子弹药；增大弹径、射速、射程、提高动能，增大战斗部对装甲的侵彻深度。未来还将采用多功能战斗部，提高“一弹多用“能力等。

国外武装直升机主要反坦克导弹性能数据如表 3.2 所列。

表 3.2　国外武装直升机主要反坦克导弹性能数据

型　号	国　家	制导方式	最大速度	弹重/kg	弹长/m	最大射程/km	装备机种
Trigat	德、法	红外成像	$>Ma1$	21	1.54	4.5	“虎”系列、SA365M、A-129 等
Brimstone	英	毫米波末制导	$Ma1.1$	45.4	1.65	9	AH-1W 等
AGM-114L	美	毫米波末制导	$Ma1.1$	49.03	1.74	9	AH-64D

续表 3.2

型 号	国 家	制导方式	最大速度	弹重/kg	弹长/m	最大射程/km	装备机种
TOW2	美	有线指令	*Ma*1	21.5	1.55	4	AH-1、A-129、MD500D 等
HOT2T	德、法	有线指令	280 m/s	23.5	1.3	5	"小羚羊"、"海豚"、B0105 等
AT-9	俄	无线电指令	400 m/s	40	1.3	8	米-24、米-28、卡-50 等
AT-16	俄	半主动激光	400 m/s	45	2.9	10	米-24、米-28、卡-50 等

3.6.2 机枪和航炮

航空机枪(炮)是武装直升机空空作战、对地攻击的主要武器和部分多用途运输机的自卫武器,具有射速高(每分钟可发射数百发甚至数千发弹药)、可靠性好(故障率一般在 0.2%以下)、重量轻(几十至一百千克)、操纵简便(按发射电钮即可)、构造复杂、命中精度较好和造价高等特点,其作战性能的优劣对武装直升机的作战效能产生重要的影响。它的类别较多,按机枪(炮)的管数可分为单管式和多管式;按口径大小可分为机枪和机炮;按完成连发循环动作采用的能量式,可分为内能源式和外能源式,其中内能源式是以武器发射时产生的火药气体为能源作驱动进行连发射击,外能源式是以外加电机或液压马达为能源作驱动进行连发射击;按工作原理,可分为滑动机心式单管、多管旋转、单管转膛、双管转膛、双管协同和单管链式传动等。

直升机航空机枪(炮)有三种形式的安装:

① 转轴——航空机枪(炮)安装在舱门处的。这种方式的优点是可以使用现成的枪炮,安装拆卸容易,花费少;缺点是火力有限,需要单独的射击员,且妨碍舱门。主要用于自我防御和为地面武装提供保护。

② 向前固定——航空机枪(炮)安装在向前设计的固定位置,可作为部件安装或吊舱安装。优点易拆卸、可以与火控系统交联;缺点是瞄准困难,直升机必须机动到达一定的方位,为了处于正确的射击范围,直升机还必须保持必要的俯冲角,同时射击时要保持这种状态。

③ 炮塔——现代武装直升机航空机枪(炮)的安装方式采用炮塔(又称活动射击装置)安装,其枪(炮)管的活动范围较大,瞄准反应时间快。例如米-28N 直升机的机枪(炮)射界方位角±110°,俯仰角+13°～-40°;"虎"HAP 的机枪(炮)射界方位角±90°,俯仰角±30°;AH-64A 机枪(炮)射界方位角±100°,俯仰角+11°～-60°。航空机枪(炮)射界大的特点使直升机无需作大的机动动作使机头指向目标,这对于武装直升机先敌攻击、减少在战场上的暴露和滞留时间、提高生存力有重要作用。

未来航空机枪(炮)的研究重点主要集中在以下几个方面:

第 1,采用高强度的轻型复合材料,减轻机枪(炮)系统的重量以减小武器系统的惯性力,这对于提高机枪(炮)尤其是活动炮塔的反应速度极为重要。

第 2,减小后坐力,提高机枪(炮)的瞄准及射击精度。

第 3,改进弹药。

主要是提高初速、减小弹丸飞行阻力、改进引信以及研制预制破片弹、钨合金弹芯动能弹和贫铀弹芯动能弹等新型弹药。

国外武装直升机机枪(炮)、炮弹性能数据如表 3.3 所列。

表 3.3　几种国外武装直升机机枪(炮)、炮弹性能数据

型　号	国　家	口径尺寸	机管数	重量/kg	射速/(发·分$^{-1}$)	初速/(m·s^{-1})	500 发弹重/kg	直升机
盖克 50	俄	12.7×99	6/3	44/33	500/900	850	57	枢轴
BRG-15	俄	15.5×106	1	60	600			米-24
GIAT M621	法	20×102	1	46	1 000	1 000	129	小羚羊(固定)
GE M197	美	20×102	3	66	1 000	1 000	129	眼镜蛇(炮塔)
M 230	美	30×113	1	56	800	225	225	阿帕奇

3.6.3　航空火箭弹

航空火箭弹不仅是武装直升机对地攻击的重要武器,还可通过拦射等方式进行空空作战,其特点一是威力比机枪(炮)大,可齐射和连射,在短时间内发射大量弹药压制目标;二是成本低,可以采用多种战斗部,配以不同的引信,攻击地面多种目标;三是结构简单,不怕干扰。但航空火箭弹最大的缺点是散布较大,命中精度较低,较适合攻击面目标,对点目标的打击效果较差,这主要是因为火箭弹装药不均匀造成的“推力失调”和飞离发射器时弹体挠性大造成的“偏摆”现象的结果,此外还有火箭弹发射初速较低,直升机悬停或低速飞行时的旋翼下洗流场对其弹道有较大影响。为稳定弹道,武装直升机发射的火箭弹多采用旋转飞行方式。从表 3-1 可以看出,现代武装直升机使用的主要是 57 mm、68 mm、70 mm 和 81 mm 口径的火箭弹,有些重型武装直升机还可装备更大口径的航空火箭弹,像俄罗斯的卡-52、米-28N、米-24 均可装备 90 mm、122 mm 甚至 240 mm 口径的火箭弹。口径越大,威力越大,但发射时的振动以及尾喷流也越强,对武装直升机的飞行操作和发动机的影响也越大。

对航空火箭弹来说,国外在保持火箭弹低成本的优点上,正在大力改善其精度,同时采用高新技术开发超高速新型火箭弹,不断改进和研制各种类型的战斗部,包括次口径集束/子母式战斗部、标枪式战斗部等。此外,国外开始在火箭弹上加装导引头,有资料表明,俄罗斯目前已经装备了采用激光制导的 57 mm、80 mm、122 mm 航空火箭弹。1998 年美国陆军要求为现役“海蛇怪”70 加装制导系统,并称其为“海蛇怪”70 改,用来装备美国陆军的地面战车和武装直升机。“海蛇怪”70 改的制导方式为半主动激光式,采用侧向推力或鸭式舵面控制。为提高稳定性,同时还装上扩展式尾翼。“海蛇怪”70 改已于 2000 年开始了进行为期 3 年的验证试验，计划 2007 年开始服役。

3.6.4 空空导弹

空空导弹在武装直升机空战中比机枪(炮)具有更大的优势，其攻击范围大、离轴性能好、精度高等特点使之成为武装直升机进行空战的主要武器。目前国外武装直升机装备的空空导弹基本上都是由固定翼飞机所使用的近距空空导弹(包括美国的“响尾蛇”AIM－9L、法国的“魔术”1/2、俄罗斯的“蚜虫”AA－8 等)以及便携式地对空导弹(包括美国的“毒刺”FIM－92、俄罗斯的 SA－14、法国的“西北风”等)发展而来。随着武装直升机的空中格斗未来的发展，将出现专为武装直升机空空作战而设计和研制的空空导弹。

国外武装直升机空空导弹性能数据如表 3.4 所列。

表 3.4 几种国外武装直升机空空导弹性能数据

导弹型号	国　家	制导方式	最大速度	弹重/kg	弹长/m	最大射程/km
AIM－9L	美	被动红外	*Ma*2.5	83.5	2.85	17.7
“魔术”1	法	被动红外	*Ma*3	90	2.74	6
“魔术”2	法	被动红外	*Ma*3	89	2.75	10
AA－8	俄	被动红外	*Ma*2.5	45	2.14	12
FIM－92	美	被动红外	*Ma*2	16	1.25	6
“西北风”	法	被动红外	*Ma*2.6	17	1.8	5

3.6.5 其他机载武器

国外武装直升机装备的其他机载武器还有航空炸弹、榴弹和反辐射导弹等，其中由于投放航空炸弹对载机的生存性有很大影响，所以欧美国家除了 AH－1W 等少数机种外，现役的 AH－64A/D 以及刚刚投入使用的“虎”系列武装直升机基本上都不装备炸弹，但俄罗斯仍然在继续使用，包括米－24、卡－52 和在研的米－28 N 等，主要是 500 kg 以下的各种炸弹，如适于杀伤有生力量、摧毁坑道和雷场的燃气弹，引燃地面或水上目标的各种燃烧弹以及各种子母弹等。榴弹曾在早期的武装直升机上使用，由于攻击距离以及杀伤力有限，目前已经基本停止使用。此外，有资料报道，俄罗斯的米－24、卡－52 以及美国的 AH－1W 等武装直升机还可装备反辐射导弹，用于攻击敌方防空系统的雷达。

3.6.6 综合武器系统

目前由于直升机担负的多种作战任务，需要直升机的武器系统高度集成，以缩减反应时间提供打击精度，本节以卡-52 直升机(图 3.14)的综合武器系统 Hermes - A 为例，说明其基本组成和功能。Hermes - A 系统(图 3.15)是一套可以独立工作的完整武器系统，带有 12～16 枚导弹，可以为武装直升机提供侦察、探测、追踪和目标照射等功能，并可在昼/夜和多种气象条件下使用，结合直升机上的雷达、光电和导航系统来对敌方目标实施打击，主要包括以下部分。

光传系统主要包括：一个具备测定与目标距离以及照射目标功能的双通道的激光测距仪；一台对电视、热、激光照射通道起稳定作用的目标跟踪器；一台视频监视器；一个控制手柄。

火控系统主要包括：一台武器控制系统计算机，可以提供导弹制导、各种功能模式下武器系统操作逻辑所需算法；一个能够提供给武器硬件操作员实现交互的多功能控制台；一个可以完成导弹发射过程和安全预警的自动处理单元；数据交换通道和火控软件。

武器系统，采用可以直接打击小尺寸目标的超音速导弹，它采用多用途的高爆弹头和高精度导航系统。

Hermes - A 系统可以打击坦克、轻型装甲车辆、防御工事以及船只等目标，对目标的平均毁伤率为 0.85～0.90，是下同重量级其他武器系统杀伤能力的 4～6 倍，大大提高了武器系统的作战效能，如果结合 30 mm 的机炮 Hermes - A 系统可以满足更多战术需要。其主要的参数指标如表 3.5 所列。

表 3.5　Hermes - A 系统的主要参数表

昼/夜攻击距离	至少 15 km
导航系统制导方式到达目标区的飞行过程中	惯性制导
导航系统制导方式终端	半主动激光制导
携带导弹数量(依靠载弹装置种类)	12～16 枚
导弹最大飞行速度	1 000 m/s
导弹弹头重量	28 kg
弹头种类	高爆弹头
系统最大重量(包含导弹)	110 kg
导弹的口径推进运动阶段	170 mm
导弹的口径惯性运动阶段	130 mm
装载导弹的最大长度	3 500 mm

图 3.14　卡-52 武装直升机

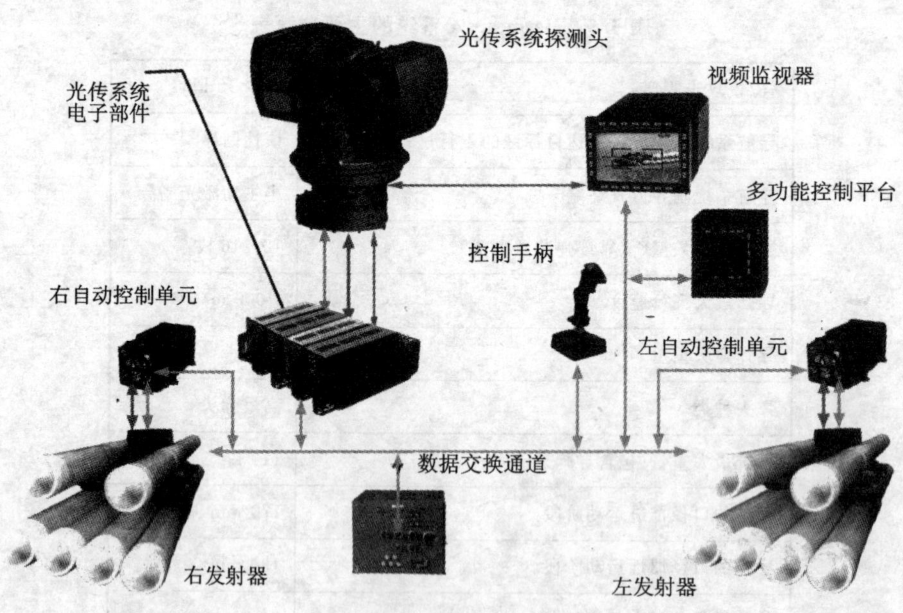

图 3.15　卡-52 武装直升机武器系统 Hermes-A

第4章 直升机单机作战能力评估

4.1 引 言

直升机的作战能力受多种因素,包括机动性、火力、探测能力、隐蔽性、航程、装甲、电子对抗、操纵性、发动机性能、旋翼性能等的影响。其中每一项又包括了直升机的若干性能参数。选择这些参数要遵循下述原则:可比性、综合性、代表性。

本章主要阐述直升机作战能力的影响因素和评估方法。

4.2 影响直升机作战能力的因素

影响直升机的作战效能的因素较多,而且不同作战用途的直升机,影响其作战效能的因素各不相同。要考虑的因素比较多,情况比较复杂,下面分情况进行讨论。

4.2.1 战斗直升机

影响直升机作战能力的因素较多,从空战的角度来看,主要有这几个方面:发现、识别目标的能力;机动性和敏捷性;航程与航时;抗打击能力;电子战能力;武器系统效能;火控系统等。

1. 对任务设备的要求

主要包括对目标探测与识别、瞄准射击、驾驶、通信、导航等方面的设备提出要求。

(1) 探测与识别能力

在目标探测和识别上,要求探测、识别距离远,搜索范围广,分辨能力强。要做到先敌发现目标,掌握战斗主动权。这在直升机空战中显得非常重要。

同时,探测和识别距离远有利于在敌方火力圈外实施攻击。当代对空武器中,对直升机威胁最大的是红外制导便携式地空导弹和空空导弹。便携式地空导弹有效射程多在5 000~6 000 m,而雷达制导的空空导弹射程更达8 000 m以上,从这一点上考虑,空战直升机的探测能力应大致与这一距离相当或更远。

探测与识别能力应与直升机携带武器的射程匹配。现代制导武器对传感器的测距要求为:对地面或空中目标的探测距离至少应超过6 km,最好能达到8~10 km;识别距离在5~6 km以上。

目视的探测识别还要求有宽广的视界,而且要能随探测距离的变化而变化。目视识别对探测设备要求有高的清晰度和适度的放大倍率及视场组合。高分辨率的电视及前视红外视频等装置是提高识别能力的有效手段，其技术水平在不断的发展中。

(2) 瞄准与射击

同其他武器一样，瞄准的准确性是武装直升机击中目标的基本要求。现代攻击直升机的瞄准装置：一是安装在直升机上，二是安装在驾驶员或射击员的头盔上，即头盔瞄准具。

机载瞄准装置要求能完全适应载机的振动环境，具有较高的三轴稳定精度。现代攻击直升机反坦克导弹的瞄准精度，一般不应低于 1×10^{-4} rad。对于导弹等射程超过 5 km 的武器，其瞄准精度应更高一些；否则将影响命中精度。

同武器随动系统、平视显示器和夜视系统相交联的头盔瞄准具使驾驶员能更迅速的截获目标、瞄准和射击，对其除在宽视场、分辨率、重量上提出要求外，还要求有较高的瞄准精度。

(3) 火力与飞行综合控制

武装直升机是一个完整的武器系统，作战有效性取决于武器、火控及作为平台的飞行控制。通过对它们及发动机功率、油耗的综合优化控制，将显著的提高武装直升机的作战效能。

以 RAH－66 直升机为例，综合火控和飞行控制(IFFC)系统有以下 4 种特点。

① 耦合瞄准：根据武器或发射控制瞄准的要求，通过飞行控制系统来指引直升机方向。

② 发射前/发射后机动：操纵直升机以便在大的高低角发射火箭时，通过充分控制前飞速度来最大限度的减少向后飞行，以完成间接的火箭发射。发射后直升机自动恢复到 3 种配平状态中(悬停、速度或定位)的一种。该特点使直升机操纵与耦合瞄准协调。

③ 约束限制：限制直升机姿态，使目标保持在目标捕获系统和/(或)炮塔机炮的有效范围内。

④ 后坐力补偿：减轻固定/旋转机炮后坐力的影响，以保持瞄准精度、改善方向和发射速率功能。

简化后的综合火力与飞行控制系统原理框图如图 4.1 所示。

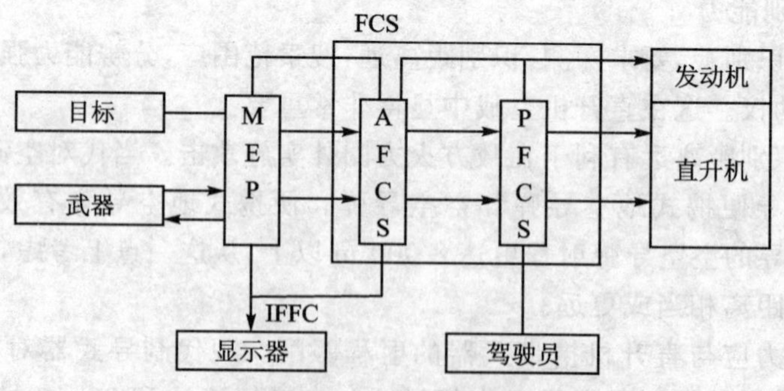

图 4.1　简化的综合火力与飞行控制系统原理图

1994 年 4 月，由美国陆航与西科斯基公司的驾驶员共同完成的 IFFC 模拟试验表明，采用 IFFC 的直升机比普通直升机有更大优势。得出的具体结论是：

① IFFC 耦合瞄准有利于固定武器的射击精度和迅速射击。对固定航炮和火箭，与基准机相比，按 IFFC 和全自动方式，瞄准误差分别降低了 50％和 75％，交战时间降低了 44％和 65％。

② 耦合瞄准可显著降低驾驶员工作负担。其将火箭、固定机炮和“毒刺”导弹的工作负担分别减轻了 50％、57％和 67％。

③ 在多目标环境下，IFFC 有利于提高攻击的威胁目标数量。

④ 驾驶设备

对武装直升机的驾驶设备基本要求是作为武器平台应具有良好的飞行品质，最大限度的减轻作为驾驶员又承担战斗员的双重负担。在自动飞行控制方面，设置一般的增稳系统，甚至控制增稳系统，都不能满足武装直升机对飞行品质和战斗能力的要求。应当安装先进的自动飞行控制系统——自动驾驶仪。电传操纵系统具有重量轻、可多余度设计的特点，已在某些直升机系统上应用。电传操纵系统于 20 世纪 70 年代中期首先在 Boeing 347 直升机上试验，到 80 年代，原麦道直升机公司便在 AH－64 直升机上装置了三余度数字式电传操纵系统。进一步的发展是光传操纵，该系统已在 RAH－66 直升机上得到应用。

2. 对直升机性能的要求

武装直升机作为一种武器发射平台，最基本的要求是直升机必须是稳定的，但又应具有相当的机动性。

(1) 机动飞行能力

机动飞行能力对掌握战斗主动权、对进攻和防御都至关重要。空战型直升机对机动性有更高的要求，其对手是敌方空战直升机，其次是超低空攻击机。

影响机动能力的主要因素有：

① 过载飞行能力。空战中要求有高的正过载、稳定盘旋过载和垂直飞行过载能力。目前先进的武装直升机的正过载达 3.5(AH－64、A－129、BO－105)，稳定盘旋过载超过 2.0。

② 剩余功率。没有足够的剩余功率不可能有更好的机动性。直升机的功率重量比体现了剩余功率的大小。机动能力强的武装直升机(米-28、AH－64、A－129 等)其功率重量比超过或接近 0.37 kW/kg。

③ 发动机的加速性。机动飞行要求发动机有良好的加速性，否则剩余功率再大也发挥不出来。一般来说，从慢车加速到最大转速时间为 3～5 s。AH－64 所装的 T700－GE－701A 发动机在海平面，从空载状态加速到中等应急功率需 4 s。RTM322 发动机从 50％功率状态加速到 100％功率不超过 2 s，三转子结构的仅 1.2 s，表现出良好的加速性。

(2) 主要飞行性能要求

武装直升机的主要飞行性能有：

① 速度，包括最大平飞速度、巡航速度、最大爬升率等；

② 升限，含有地效升限、无地效升限，实用升限；

③ 续航力，含航程与航时；

④ 操纵性与稳定性；

⑤ 机动性和敏捷性。

3. 对武器系统性能的要求

在作战效能分析上，武器系统性能参数体现在火力参数上。美军“科曼奇”直升机在作战效能参数分配中，武器系统占10%。武器系统参数包括武器装载参数和杀伤力。武器系统威力的主要因素有对目标杀伤力、射程和精度。

(1) 武器装载和挂载方案

空空直升机的装载方案比较单一，主要挂载的武器为空空导弹、空对空火箭弹，固定武器为航空机炮或航空机枪。但从一机多用的角度来看，单一的武器挂载方案并不能满足多种作战任务的要求。空空导弹的命中精度较高、威力大，但一架直升机的挂载量有限；空空火箭弹挂载数量较大，一次射击的火力密度大，但命中精度不高；航炮的适应性较强，可对空对地作战，射击方式灵活，是近距空战的能手，但射程较短。对执行对地火力支援和反坦克的攻击直升机而言，武器挂载的方案较多，既有传统的空地火箭弹、子母弹，又有精确制导的反坦克导弹，现在部分直升机还加装了空对面反辐射导弹，以执行防空压制任务。而对于运输直升机和侦察直升机，加装必要的打击武器，对于更好的完成作战任务是有一定的帮助的。特别是，现代突击运输直升机的火力配备已足以同中型专用武装直升机匹敌。俄国最新的突击运输直升机米-171可挂载4个火箭发射巢，4～8枚反坦克导弹；美制“基奥瓦”侦察直升机也可挂载1个火箭发射巢和4枚“海尔法”反坦克导弹。

(2) 杀伤力

1) 空空导弹

① 射程。最大有效射程应达5 000～6 000 m，最小发射距离为300～500 m，以便在近距格斗中有更大的开火优势。

② 杀伤力。采用近炸引信，杀伤半径不小于1～3 m。

③ 摧毁概率应达75%。

④ 攻击方式。应具有离轴发射能力和全向攻击能力，并具有“发射后不管”的能力和良好的抗干扰能力。

2) 反坦克导弹

① 射程。应远、中、近程配套发展。现代武装直升机多配备中远程导弹，射程覆盖3 000～6 000 m。今后的反坦克导弹都向着远程精确打击方向发展，这是反坦克火力配置上的需要，也是提高武装直升机生存力的一条途径。

② 破甲威力。现役反坦克导弹的静破甲威力一般在800 mm左右，改进后达1 000 mm。

③ 命中精度。一般应达 90%以上。

此外，导弹的最大飞行时间应尽可能短，以减小直升机的暴露时间。制导方式分为红外式、激光制导、电视指导、无线电和光学制导等。在控制上，应向着“发射后不管”方向努力。

3）航空火箭弹

国外武装直升机目前装备的航空火箭弹有 68 mm、70 mm、80 mm 及 90 mm 等几种口径。不同类型的直升机平台根据其能力选挂不同的火箭弹。对航空火箭弹的要求有：

① 最大射程应达 6～10 km；

② 圆散布应达到 1/75～1/150。

4）航　炮

武装直升机对航炮的要求有：

① 口径。目前有 20、23、27、30 mm 等口径的航炮，从加强攻击力的角度来看，应装备 25 mm或 30 mm 口径航炮。

② 初速达到 900～1 000 m/s。

③ 杀伤力应有穿甲、爆炸、燃烧等不同作用的弹头。

④ 射击密度应达 2 密位左右。

5）航空机枪

要求的主要指标为：

① 口径 7.62 mm 或 12.7 mm。

② 初速达 800～1 000 m/s。

③ 射速 600～1 000 发/分。

④ 有效射程 1 500 m 以上。

⑤ 杀伤力应有穿甲、爆炸、燃烧等不同作用的弹头。

4.2.2　运输及战勤直升机

1. 运输直升机

任务要求：军用运输直升机在现代战争中承担空中重要使命，它的任务能力要求应围绕执行运输任务来提出，主要包括载重能力、续航能力、任务设备、舒适性和通用性，必要时还可加上自卫能力。

(1) 载重能力

基本要求是运输直升机的有效载重量、机舱容积、外部吊挂能力应当满足作战的要求。

轻型机应具有运送 800～1 200 kg 物资或 8～12 名乘员的能力(全副武装的士兵按每人 90 kg 计算)。外挂时，应能吊挂 1 000 kg 左右的物资。最大起飞总重约 4 t。

中型机应能内装或外挂 3 000～4 000 kg 的物资，或运输 20～30 名乘员。最大起飞总重约 13～20 t。

重型机应能内装或外吊 8 000 kg 以上物资，或输送 50 名以上乘员，其起飞总重在 20 t 以上。

其次，运输直升机应具有较高的重量效率($\overline{G}_{有效}$)，即有效载重与起飞总重之比：

$$\overline{G}_{有效}=\frac{G_{有效}}{G_{起飞}}$$

此处 $G_{有效}$ 是指运输的物资或人员重量。由于燃油是一种可变载荷，减少燃油可增加有效载荷，因而可用有用载荷来计算效率，即有用载荷与起飞总重之比：

$$\overline{G}_{有用}=\frac{G_{有用}}{G_{起飞}}$$

式中，$G_{有用}$ 包括有效载荷及燃油。

还应考虑的一点是运输直升机非常重要的一个性能参数，即耗油率，包括每飞行 1 km 或 1 h 的燃油消耗。它是直升机运输效率和经济性的衡量指标。更确切地要以运送单位重量的有效载荷所需的油耗来衡量。

现代运输直升机的重量效率应达到的水平大体是 $\overline{G}_{有用}$ 为 40%～50%。

(2) 续航能力

执行运送兵员或武器装备的空中机动任务，或对武装直升机提供后勤支援，都要求直升机有较大的航程、续航时间和活动半径。

对轻型运输直升机，携带正常燃油量，最大航程一般达 500～600 km，最大航时 2.5～3 h，转场航程应达 800～1 000 km。

对中型运输直升机，携带正常燃油量的最大航程一般应达 600～800 km，最大航时 3～3.5 h，使用副油箱应达 800～1 000 km，携带转场副油箱应达 1 500 km 以上。

对大、重型运输直升机而言，除转场航程要求达 2 000 km 或更远外，其余与中型机基本相同，同时还要求具有空中加油能力。

(3) 任务设备要求

基本上与武装直升机的相同，但更侧重于飞行控制和综合控制。要有良好的自主导航系统和通讯联络系统，以便独立深入敌后执行机降任务。此外，还要有能在复杂气象和夜间执行任务的相关设备。

(4) 飞行性能

从提高效率的角度来说，除应具有良好的航程和续航时间外，运输直升机还要有较快的巡航速度。外吊运输时的速度也不能限制得太低。同时，对于战术运输，要求良好的贴地飞行能力和机动性。

(5) 舒适性

从保持机降兵战斗力和缓解飞行员战斗疲劳的角度来说，运输直升机更着重于控制振动和噪声水平，限制机舱及驾驶舱温度的上下限，合理布置装载布局等。

2. 战勤直升机

侦察直升机的作战效能主要考虑以下几个方面：侦察范围；发现和识别能力；通信、联络性能；机动性；隐蔽性；自卫能力；航程与航时。

具体到各项参数时，应该分情况给予考虑。不同的侦察任务要求配备不同的侦察设备。因此，侦察直升机要有较灵活的设备搭配方案，以适应不同类型的侦察任务。典型的侦察任务设备包括搜索雷达、前视红外装置、微光电视装置、数据记录仪和通信加密设备。俄罗斯装备的米-24K-G2 侦察直升机的典型任务设备包括：A87P 大型照相机，在机身右侧带有 f8/1300 毫米镜头；红外传感器。美国陆军装备的 OH—58“基奥瓦”侦察直升机的任务设备有：5 台无线电收发报机；旋翼轴瞄准具装有放大 12 倍的电视摄像机、自动聚焦红外热成像传感器、激光测距仪/指示器和广角夜视镜。法国则在其“超美洲豹”直升机上装备“地平线”雷达，其在作战高度上可监视 150 km 范围内的战场情况。因此，侦察直升机的任务设备可大致分为三种类型：雷达设备、可见光设备和红外设备。

4.3 直升机作战效能评估

4.3.1 直升机作战效能指标

本节主要讨论作战效能评估的具体细节。空战评估模型由固定翼机的评估模型发展而来，采用的原公式是固定翼飞机的评估公式，其中的参数不能被用于直升机之上。因此，对原公式进行了较大的修改，修改时主要参考一些实战的经验统计和飞行试验结论。

具体的评估公式如下：

$$C = [\ln(B) \times b_1 \times b_2 + \ln(\sum A_1 + 1) + \ln(\sum A_2)] \times C_1 \times S_1 \times H_1 \times D_1 \tag{4.1}$$

式中各项的意义如下：

① 机动性参数 B：由五项指标组成（最大速度 V_{max}，动升限 H_d，最大正过载 N_{ymax}，最小负过载 N_{ymin}，最大爬升率 V_y），计算式为

$$B = (V_{max}/300) + (H_d/5\,000) + (N_{ymax} - N_{ymin})/4 + (V_y/10) \tag{4.2}$$

部分直升机的过载系数如表 4.1 所示。

② 发动机性能参数 b_1：发动机的性能好坏对直升机的空战性能有很大的影响，性能优秀的涡轮轴发动机除了高单位功率和功率重量比外，还要求有良好的加速性。

对采用涡轮轴发动机的直升机来说，对发动机的要求有：正常（AEO）工作状态的发动机轴功率要求（AEO 表示多发动力装置时所有的发动机都工作）；在 OEI 工作状态时应急功率状态要大大超过正常起飞功率。

表 4.1　武装直升机过载系数表

型　号	最大正过载系数(g)	最大负过载系数(g)
RAH66	3.5	−1.0
AH-64	3.5	−0.5
A-129	3.5	−0.5
“虎”式	3.5	−0.5
卡-50	3	−0.5
米-28	3	−0.5
AH-1W	约 3.0	−0.5

因此,衡量涡轴发动机性能好坏的参数选择如下:单位功率 P_S;发动机功率 P_e;功率重量比 P_m;剩余功率 P_l;加速性 S。

计算式为

$$\left.\begin{aligned} b_1 &= (P_S/200) * (P_m/7) * (S/3) \quad (\text{大型机}) \\ b_1 &= (P_S/200) * (P_m/3) * (S/3) \quad (\text{小型机}) \end{aligned}\right\} \tag{4.3}$$

典型发动机性能参数见附表 1。

③ 旋翼气动效能参数 b_2:旋翼是直升机最重要的部件,其大部分气动操纵面集中于此。直升机所赖以飞行的升力、滚转力矩等都由旋翼系统产生。在此只考虑桨盘载荷,$T/\pi R^2$;T 为旋翼拉力,计算式为 $b_2=\pi R^2/T$。

④ 火力参数 $\sum A_1$:要考虑将不同的机载武器分别进行计算。现代武装直升机的机载武器主要是机炮和导弹,其计算式为

$$\sum A_1 = \sum A_1^{\text{炮}} + \sum A_1^{\text{弹}} \tag{4.4}$$

各项参数的计算式如下:

$$A_1^{\text{炮}} = K_{\text{瞄}} \times (\text{rpm}/1\,200) \times (\text{初速}/1\,000)^2 \times (\text{弹丸重量}/400) \times (\text{口径}/30) \times (n/500) \times n_1 \tag{4.5}$$

其中:$K_{\text{瞄}}$ 为瞄准具系数(陀螺活动光环瞄准具取值 1.0,固定光环瞄准具取值 0.4~0.5,快速瞄准具取值 1.2~1.5);rpm 为射速,单位为 round/min;初速的单位为 m/s;弹丸重量的单位为 g;口径的单位为 mm;n 为载弹量,单位为发;n_1 为火炮门数。

由于美军在 20 世纪 80 年代进行的一系列空战实验(AACT)的结果表明,对于小型高机动直升机而言,固定前射机炮相对于活动炮架有许多优点,因此,不将活动角作为一个评价参数。

表 4.2 是一些典型的直升机用航空枪炮的性能数据。

$$A_1^{弹}=射程\times射高\times P_K\times(总攻击角/360)\times(过载/35)\times$$
$$(跟踪角速度/20)\times(总离轴发射角/40)\times\sqrt{n} \qquad (4.6)$$

其中：射程、射高的单位为 km；总攻击角的单位为度；过载的单位为 g；跟踪角速度的单位为°/s；总离轴角的单位为度；n 为载弹数量。

表 4.2　部分直升机用航炮(枪)数据

型　号	GIAT M621 (法)	M-230 (美)	米尼岗 M-134 (美)	M-197 (美)	EX-34 (美).	RH-202, MK-20(德)	四管机枪(俄)
类型	转膛	链炮	6 管转管	3 管转管	链炮	转膛	4 管转管
口径/mm	20	30	7.62	20	7.62	20	12.7
初速/($m\cdot s^{-1}$)	1 030	808	790	1 036	862	1 150	780
射速/($round\cdot min^{-1}$)	740	650	2 000	750	550	1 000	1 000
弹丸重/g	102	237	9.5	102	9.5	100	49.5
使用机型	SA-341	AH-64, MD500	OH-58C	AH-1S	MD500	BO-105	米-24

部分直升机用空空导弹数据见表 4.3。

表 4.3　部分直升机用空空导弹数据

型　号	"毒刺"	"西北风"	AT-6	P-60
国　别	美	法	俄	俄
重量/kg	16	18	32	45
射程/km	6	6	5	10
射高/km	2	2	2	4
攻击角/(°)	240	240	360	240
杀伤概率	0.70	0.70	0.50	0.70
导弹过载/g	12	24	10	25
导弹角速度/($rad\cdot s^{-1}$)	10	10	10	10

⑤ 探测能力参数 $\sum A_2$：含雷达($A_2{}^r$)，红外搜索跟踪装置(A_2^{Rr})和目视能力($A_2^{目}$)，由于现代武装直升机的座舱设计都非常有利于飞行员的观察，因此目视能力可不予考虑或都给予相同的基准值 1。具体的计算式为

$$\sum A_2=A_2^r+A_2^{Rr}+A_2^{目} \qquad (4.7)$$

各项参数的计算式如下：

$$A_2^r = (发现距离^2/4) \times (总方位角/360) \times 发现概率 \times K_2 \times (m_1 m_2)^{0.05} \tag{4.8}$$

其中：K_2 为雷达体制系数（测距器取 0.3，无角跟踪能力雷达取 0.5，圆锥扫描雷达取 0.6，单脉冲雷达取 0.7，脉冲多普勒雷达取 0.8～1.0）。

发现距离单位取 km，总搜索方位角的单位取度。

m_1 为同时跟踪目标数量；

m_2 为同时攻击目标数量；

红外搜索跟踪装置的探测能力参数 A_2^{Rr} 的计算式同上，K_2 取值有所不同。单元件亮点式取 0.3，多元件固定式取 0.5，搜索跟踪式取 0.7～0.9，红外夜视装置取 0.85。如配有激光测距器再增加 0.05。部分直升机用红外夜视设备数据见表 4.4。

⑥ 操纵效能系数 C_1：它与直升机的座舱布局、操纵系统及显示装置等因素有关。取值原则为越有利于发挥飞行员的主动性，取值越高。具体取值如下：一般仪表及液压助力操纵取 0.7；有平显取 0.8；电传操纵，有平显、下显，数据总线取 0.90。如配有头盔瞄准具再加 0.05。

表 4.4 部分直升机用红外夜视设备

型 号	AAQ－16	TADS	PNVS
类型	前视红外	激光电视/激光照射	前视红外
有效距离/km	8	10	10
视场角/(°)	30°×40°， 5°×6.7°	50°	30°×40°
总搜索方位角/(°)	210°	±120°， ＋30°～60°	±90°， ＋20°～－45°
发现概率	0.75	0.85	0.85
K	0.70	0.90	0.90
装备机型	UH－60 500MD 206L	AH－64	AH－64

⑦ 生存力系数 S_1：与飞机的几何尺寸及雷达反射面积有关。由于直升机的雷达反射截面计算还没有有效的算法。由于旋翼是直升机上最大的雷达反射截面，所以雷达反射面积主要考虑桨盘面积。由于人眼对一定频率下的闪光比较敏感，因此，目视情况下，除要考虑直升机的大小外，还要考虑旋翼的闪光系数。如有装甲防护可视情况给予加权系数。计算式为

$$S_1 = [(10/机长 \times 2/宽)^{0.25} \times S + (150/S_0)^{0.25}] \times Z/2 \tag{4.9}$$

其中：S 为闪光系数取值视 F_f 而定，F_f＝主翼转速(r/m)×桨叶数。 (4.10)

$F_f > 22$ Hz 时，S 取 1.0；

$F_f \leqslant 10$ Hz 时，S 取 0.79；

F_f 在 10 到 22 Hz 之间，S 的值按 $S = 0.79 + 0.05(F_f - 10)/3$ 计算

S_0 为桨盘面积，单位 m^2。

Z 为装甲系数，取值为：无装甲情况为 1.0，重装甲情况为 1.3，其余视情况在 1.0～1.3 之间取值，直升机的装甲情况较为复杂，在不同的部位加装装甲对直升机的生存力有不同的影响。附表 2 显示的是直升机被毁伤的各种不同情况。附表 3 显示了直升机被不同口径武器击中的情形下持续飞行的能力。从附表 2 可以看出，不同口径的武器击中直升机，对其操纵系统的损害都占了总伤害的 1/3 强；火灾、爆炸因素则随武器口径的增大而上升。因此，直升机的装甲系数可根据在不同部位的装甲情况给出系数如下：动力装置装甲防护 0.1；飞行员座舱防护 0.18；操纵装置装甲防护 0.32；燃油系统防护 0.40。以上系数可通过求数学期望值求得。

使用时，可采用下式具体计算装甲系数：

$$\varepsilon = 1 + \sum \text{装甲防护系数} \times 0.3 \tag{4.11}$$

⑧ 航程系数 H_1：反应了直升机在战场上的滞空能力，对直升机的持续作战能力有重大的影响。计算式为

$$H_1 = (\text{机内油最大航程 Km/K})^{0.25} \tag{4.12}$$

其中：K 为基准航程，取为 500 km。

⑨ 电子对抗能力系数 D_1：此项系数的评估较为困难。可根据实际试验进行判断，也可按表 4.5 取值。

表 4.5　电子对抗能力评价系数表

序　号	机载电子对抗设备	D_1
1	全向雷达告警系统	1.05
2	全向告警＋消极干扰投放	1.10
3	同 2＋红外及电磁波积极干扰	1.15
4	同 3＋导弹逼近告警、自动交联	1.20

4.3.2　直升机对地攻击效能评估

$$C = [\ln(B) \times b_1 + \ln(\sum A_1 + 1) + \ln(\sum A_2 + 1)] \times C_1 \times S_1 \times H_1 \times D_1 \tag{4.13}$$

式中：B 为机动性能参数；b_1 为操纵效能系数；一般仪表及液压助力操纵取 0.7，有平显时取 0.8；电传操纵，有平显、下显及数据总线取 0.90，如配有头盔瞄准具再加 0.05；A_1 为武器性能参数；A_2 为探测能力参数；C_1 为隐蔽系数；S_1 为装甲系数；H_1 为航程系数；D_1 为电子对抗能力系数。

各项系数的计算如下：

$$B = (V_{max}/300) + (H_d/5000) + (N_{ymax} - N_{ymin})/4 + (V_y/10) \tag{4.14}$$

其中：最大速度 V_{max}，单位 km/h；动升限 H_d，单位 km；最大正过载 N_{ymax}，最小负过载 N_{ymin}，单

位为 g；最大爬升率 V_y，单位 m/s。

A_1 的计算式为

$$A_1 = A_{1炮} + A_{1火} + A_{1导}$$

其中：

$$A_{1炮} = (F_r/1200)(V_0/1000)^2(G/30)(n/500)(1+\beta/360) \tag{4.15}$$

F_r 为射速，单位为发/min；V_0 为弹丸初速，单位 m/s；G 为弹丸重量，单位 g；D 为口径，单位 mm；n 为配备弹药数量，β 为炮架活动角，单位为度。

$$A_{1火} = (D_f/20)M_{max}\frac{1}{A_s}\frac{G_D}{5}n \tag{4.16}$$

D_f 为有效射程，单位 km；M_{max} 为火箭速度，单位为 Ma；n 为挂载数量；A_S 为火箭散布精度；G_D 为战斗部重量，单位为 kg。

$$A_{1导} = \frac{D_s}{2}M_{max}K\frac{G_D}{5}\sqrt{n} \tag{4.17}$$

D_s 为射程，单位 km；M_{max} 为导弹速度，单位为 Ma；G_D 为战斗部重量，单位 kg；n 为挂载数量。

K 为制导方式，取值原则为：有线指令制导取 0.7，无线指令制导取 0.8，波束制导取 0.9，全自动寻的取 1.0。

$\sum A_2$ 为：$\sum A_2 = A_2^r + A_2^{Rr} + A_2^{目}$，其中 A_2^r 和 A_2^{Rr} 可用下式计算。

$$A_2 = (D_0^2/4)\times(\beta_S/360)\times P_0\times K \tag{4.18}$$

式中：D_0 为有效距离；β_S 为总搜索方位角；P_0 为发现概率；K 为设备系数，不同的设备 K 值不同，具体来说，同空战直升机的取值一致。对于红外夜视仪而言：单元件亮点式 0.3，多元件亮点式 0.5，有搜索跟踪能力 0.7～0.9，微光夜视设备 0.85，如有激光测距能力，K 值再加 0.05。对于雷达：测距器取 0.3，无角跟踪能力 0.5，圆锥扫描雷达 0.6，单脉冲 0.70，脉冲多普勒 0.8～1.0。

$A_2^{目}$ 同前面空战效能的相应说明。

C_1 为隐蔽系数，计算式为

$$C_1 = \frac{1}{4}\left[\left(\frac{150}{S_0}\right)^{0.25} + \left(\frac{10\times2\times2}{l\times w\times h}\right)^{0.25} + S + \varepsilon_{1噪}\right] \tag{4.19}$$

式中：S_0 为桨盘面积，l、w、h 分别为直升机的几何长、宽和高，$\varepsilon_{1噪}$ 为噪声隐蔽系数，S 为闪光系数，取值视 F_f 而定，即

$$F_f = 主翼转速\times桨叶数$$

当：$F_f>22$ Hz 时，S 取 1.0；

$F_f\leqslant10$ Hz 时，S 取 0.79；

F_f 在 10 到 22 之间时，S 按下式取值，即

$$S = 0.79 + 0.05(F_{\mathrm{f}} - 10)/3$$

$$\varepsilon_{1\text{噪}} = \lg^{-1}[(80 - N)/60]$$

N 为直升机噪声声强级。

S_1 的取值可参考空战直升机的取值：动力装置装甲防护 0.1；飞行员座舱防护 0.18；操纵装置装甲防护 0.32；燃油系统防护 0.40；H_1 为航程系数，$H_1 = (S_0/500)^{0.25}$；S_0 为机内燃油所能持续的航程。

D_1 为电子对抗能力系数，可根据实战演习或实验结果在 1.05～1.2 之间取值。

4.3.3　运输直升机效能评估

采用指数法，考虑运输效能(C)主要受以下几个因素影响：载重能力(L)、续航能力(R、t)、机载设备(E)、飞行性能(B)、舒适性(S)和必要的自卫能力(A)。

考虑自卫能力主要是考虑到直升机执行战术运输任务时通常要穿越敌阵地，必要的火力压制有助于提高突防成功率，同时也可对步兵提供一定的近距火力支援。具体的计算式如下：

$$C = \left[\ln\left(\frac{L}{L_{\mathrm{K}}} + 1\right)f + \ln\left(\frac{R}{R_{\mathrm{K}}} + 1\right) + \ln\left(\frac{t}{T_{\mathrm{K}}} + 1\right)/2\right] \times E \times B \times S \times A \tag{4.20}$$

式中：

L_{K} 为基准载重能力，轻型机为 1 000 kg，中型机为 3 500 kg，大型机为 6 500 kg，重型机为 8 000 kg；

f 为重量效率；

R_{K} 为基准航程，轻型机 550 km，中型机 700 km，重型机 800 km。

最大航程计算式为

$$L_{\max} = \frac{\zeta \cdot G_{\mathrm{ry}}}{C_{\mathrm{e}}(N_{xu}/V_0)_{\min}} \tag{4.21}$$

ζ 为功率传递系数，取值在 0.78～0.85，G_{ry} 为燃油重量，C_{e} 为单位耗油率，N_{xu} 为直升机需用功率，V_0 为直升机速度。

T_{K} 为基准航时，轻型机 2.75 h，中型机 3.25 h，重型机 3.5 h。

$t_{\max}$ 的计算式为

$$t_{\max} = \frac{\zeta \cdot G_{\mathrm{ry}}}{C_{\mathrm{e}}(N_{\mathrm{xu}})_{\min}} \tag{4.22}$$

E 主要考虑机载设备；具体的评估标准可以参考武装直升机标准加以确定；

B 为机动性参数，作为评价运输直升机的飞行性能的评价标准，具体的评价公式如下：

$$B = \ln[(V_{\max}/V_{\mathrm{k}}) + (H_D/H_{\mathrm{k}}) + (n_{y\max} - n_{y\min})/4 + (V_{y0}/10)] \tag{4.23}$$

各项意义与武装直升机的相同。

S 为舒适性，该项参数还没有较为成熟的评价方法，可视情况在 1.0～1.3 间取值。

A 为自卫能力，一般的运输直升机可考虑有一至两挺机枪，对于突击运输直升机，除机枪外，还要考虑是否携带有无控火箭弹等非制导武器。计算可参照下式：

$$A = \ln(A_1^{炮} + A_2^{火} + 1) + 1 \tag{4.24}$$

式中：

$$A_1^{炮} = K(\text{rpm}/1\,200) \times (初速/1\,000)^2 \times (弹丸重量/400) \times (口径/30) \times (n/500) \times n_1 \tag{4.25}$$

rpm 为射速，初速为弹丸初速，n 为弹药数，n_1 为装备的航炮数量。

$$A_2^{火} = (D_f/20) M_{max} \frac{n}{A_s} \frac{G_D}{5} \tag{4.26}$$

式中，D_f 为火箭弹有效射程(km)，M_{max}为火箭弹最大马赫数，G_D 为战斗部重量(kg)，n 为火箭弹数量，A_s 为火箭弹散布精度(mr)。

表 4.6 为部分运输直升机的性能数据。

表 4.6 部分运输直升机性能数据

机型		UH-60A	CH-47D	AS332LZ	山猫/超山猫	米-17/171
绰号	中文	黑鹰	支努干	超美洲豹	山猫/超山猫	米-17/171
	英文	Black Hawk	Chinook	Super Puma	Lynx/Super Lynx	Hip-H
空重/kg		5 118	10 639	4 705	3 178	7 211/7 240
最大起飞重量/kg		9 980	22 680	9 350	5 125	13 000(正常 11 100)
最大有效载荷/kg		3 843(外挂 3 600)	8 824(外挂 12 700)	外挂 4 500		4 000
最大速度/(km·h^{-1})		361	346	327		300
巡航速度/(km·h^{-1})		268	259	277	256	240
最大倾斜爬升率/(m·s^{-1})		10.6	9.35	7.35	12.6	9.2
悬停升限	有地效/m	2 895	3 078	2 900	2 499	
	无地效/m	1 705	1 675	2 250	800	
使用升限/m		5 790	4 570	5 180		4 800/6 000 重 11.1 t
航程/km		601	1 136	828	685	465/580
续航时间/h		2.3		4.9		4h5min
动力装置	型号	T700-GE-700	T55-1-712S/SB	“马基拉”IA2	“宝石”42-1	TB3-117MT/TB3-117BM
	总功率/kW	2 420(双发)	4 474(双发)	3 146(双发)	1 670(双发)	2 864/3 266(双发)

4.3.4　侦察直升机效能评估

侦察直升机的任务设备可大致分为三种类型:雷达设备、可见光设备和红外设备。分项评价的估算式如下。

雷达设备:
$$E_R = (D_0^2/4) \times (\beta_S/360) \times P_0 \times K \tag{4.27}$$
式中:D_0 为有效发现距离,β_S 为总搜索方位角,P_0 为发现概率,K 为设备系数,不同的设备 K 值不同。

可见光设备:
$$E_K = (D_0^2/4) \times (\beta_S/360) \times (\alpha_S/90) \times P \times F + 0.05 \times k_y \tag{4.28}$$
式中:D_0 为有效发现距离;β_S 为总搜索方位角;α_s 为俯仰角;P 为分辨率倒数;F 为放大倍数;k_y 为夜视设备参数,有为 1,无为 0。

红外设备:
$$E_{Rr} = (D_0^2/4) \times (\beta_S/360) \times P_0 \times K \tag{4.29}$$
式中:D_0 为有效发现距离,β_S 为总搜索方位角,P_0 为发现概率,K 为设备系数,不同的设备 K 值不同。

具体的侦察直升机战斗效能评估可以下式进行:
$$C = \ln\left[\frac{1}{3}(E_R + E_K + E_{Rr})\right] \times t \times \ln(B) \times \varepsilon_1 \times \ln\left(\sum A + 1\right) \times \varepsilon_2 \tag{4.30}$$
其中:t 为通信能力:无线电通信取 1.0,有实时图像传输的取 1.2,如有加密功能可再加 0.05。

B 为机动性能参数,具体的计算同武装直升机。

ε_1 为隐蔽性参数,计算式为
$$\varepsilon_1 = \frac{1}{4}\left[\left(\frac{150}{S_0}\right)^{0.25} + \left(\frac{10 \times 2 \times 2}{l \times w \times h}\right)^{0.25} + S + \varepsilon_{1噪}\right] \tag{4.31}$$
式中:S_0 为桨盘面积,l、w、h 分别为直升机的几何长、宽和高,$\varepsilon_{1噪}$ 为噪声隐蔽系数,S 为闪光系数,取值视 F_f 而定,即
$$F_f = \text{主翼转速} \times \text{桨叶数}$$
当:$F_f > 22$ Hz 时,S 取 1.0;

$F_f \leqslant 10$ Hz 时,S 取 0.79;

F_f 在 10～22 Hz 之间时,闪光系数按下式取值,即
$$S = 0.79 + 0.05(F_f - 10)/3$$
$\varepsilon_{1噪} = \lg^{-1}[(80 - N)/60]$,$N$ 为直升机噪声声强级。

A 为火力参数,计算同武装直升机。

ε_2 为航程系数:
$$\varepsilon_2 = \frac{1}{2}[(S_0/500)^{0.25} + (T_0/2.5)^{0.25}] \tag{4.32}$$
S_0 为机内油航程,T_0 为续航时间。

4.3.5　效能评估结果及分析

下面给出用上述方法评估结果的一些数据,评估所用的原始数据可在一些公开发表的资

料手册上查找。如表 4.7 所列。

表 4.7 评估结果的部分数据

直升机空战效能评估结果

机 型	机动性	火 力	探测能力	操纵性	生存力	航 程	电子对抗	空战效能
AH-64A	4.77	6.36	8.96	0.90	1.07	0.99	1.15	4.78
RAH-66	4.09	5.12	12.04	0.95	1.20	1.03	1.20	6.22
Ah-1W	4.30	12.90	5.60	0.85	1.00	1.04	1.15	4.66

直升机对地攻击效能评估结果

机 型	机动性	火 力	探 测	隐蔽系数	装 甲	航 程	电子对抗	对地攻击效能
AH-64A	4.77	10.45	8.96	0.76	1.30	0.99	1.15	6.91
RAH-66	4.09	8.48	12.04	0.89	1.20	1.03	1.20	8.12
AH-1W	4.30	9.82	5.60	0.72	1.20	1.04	1.15	5.69

直升机运输效能评估结果

机 型	载重能力	航 程	航 时	设 备	机动性	舒适性	自卫能力	运输效能
S-70A	1.10	1.09	0.71	0.80	1.28	1.20	1.00	1.13
米-171	1.14	1.05	1.23	0.75	1.29	1.10	1.00	1.10
米-171	1.14	1.05	1.23	0.75	1.29	1.10	3.50	2.75

注：带*装备有自卫用火箭弹、导弹等

下面再作进一步分析。从图 4.2 中可以看出一个有趣的现象：AH-1W 直升机有着三种直升机中最强大的火力，但其装备的电子设备水平较低，结果其空战水平甚至没有超过 AH-64A的水平；而 RAH-66 的火力虽不及 AH-1W，但由于其探测设备完备而强大，且具有良好的战场隐蔽性（这一点反映在生存力上），其空战水平在三种直升机中居于首位。因此，可以认为，要在未来的直升机空战中占据有利形势，首要的是探测与反探测能力，其次是火力，当然，机动性也是必要的。

图 4.3，4.4 显示了单项效能变化对空战效能的影响，计算采用的机型是 AH-1W。火力参数变化从 3 增大到 16；探测参数从 3 变化到 16。从图 4.3 中可以看出，火力参数对空战效能的影响程度随着评价值的增加而逐渐下降，在图上表现为一条类似抛物线的曲线。探测参数对空战效能的影响也成一条抛物线。两者对于空战效能的影响似乎相差不多，考虑到直升机携带武器的数量是一定的，因此，火力的增加不会太高。同时，由于现代军用传感技术的飞速发展，传感器的体积越来越小，而探测的范围却越来越广、灵敏度越来越高，因此，传感器性能的提高对于提高未来空战直升机的性能有着不可替代的作用，探测能力的提高对空战能力

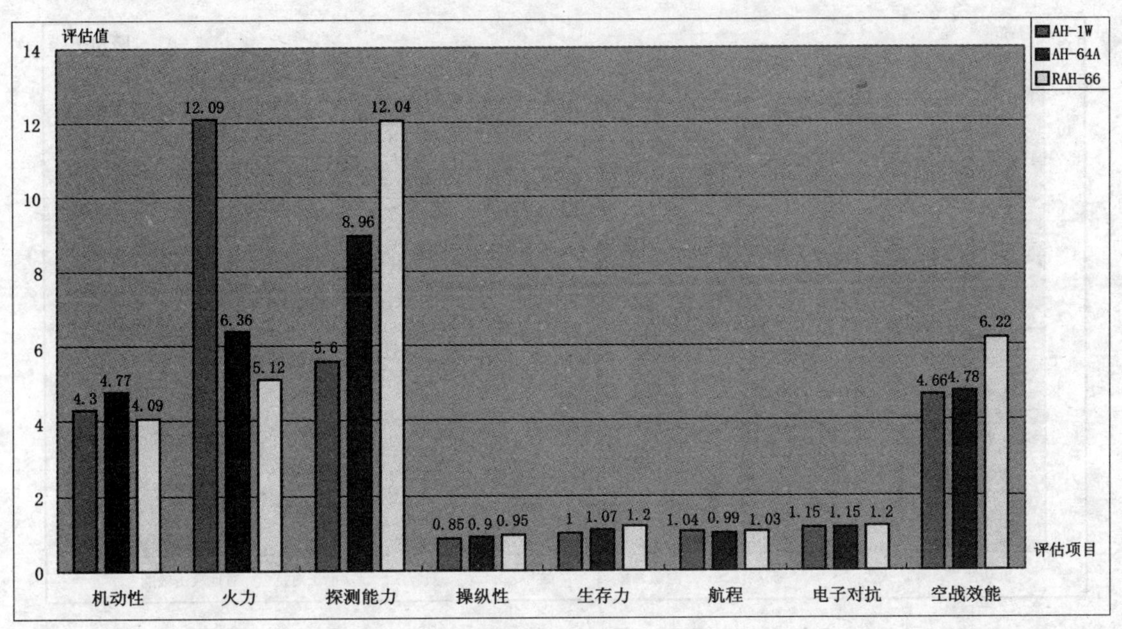

图 4.2　空战效能对比图

的影响是直接且有效的，这在现代战争中体现得淋漓尽致。

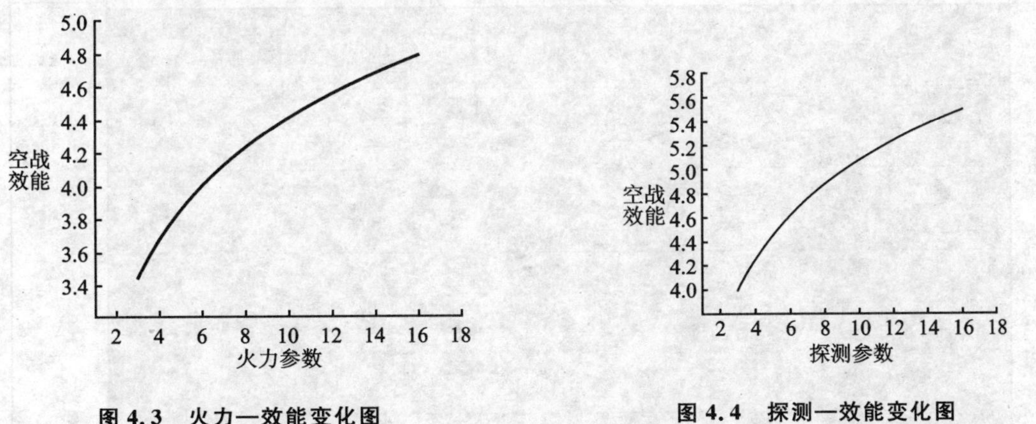

图 4.3　火力—效能变化图

图 4.4　探测—效能变化图

图 4.5～4.8 反映的是不同参数的变化对对地攻击效能的影响。从图中可以看出，AH-1W 的火力参数增长 32.4%，其对地攻击效能增长了 4.7%；而探测能力增长了 100%后，攻击效能增长了 11.2%；隐蔽系数增长 13.9%，效能增长了 13.92%。可见，攻击的隐蔽性对攻击效能有很大的影响，而在这三者中，探测能力的提高是比较容易实现的，是提高攻击效能的有效手段。

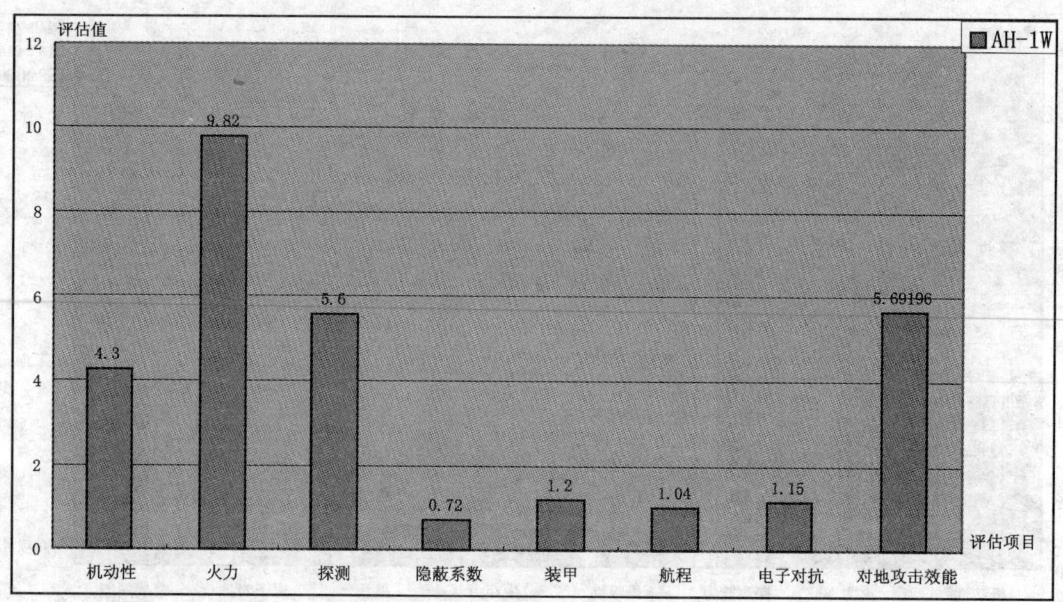

图 4.5　原始数据图

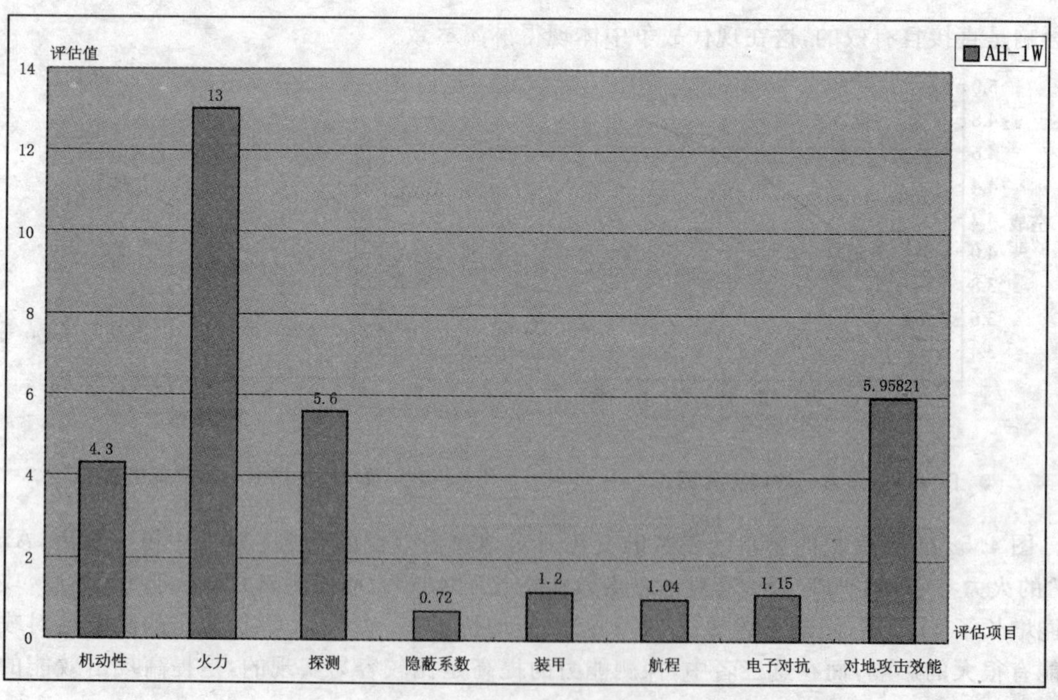

图 4.6　火力—效能图

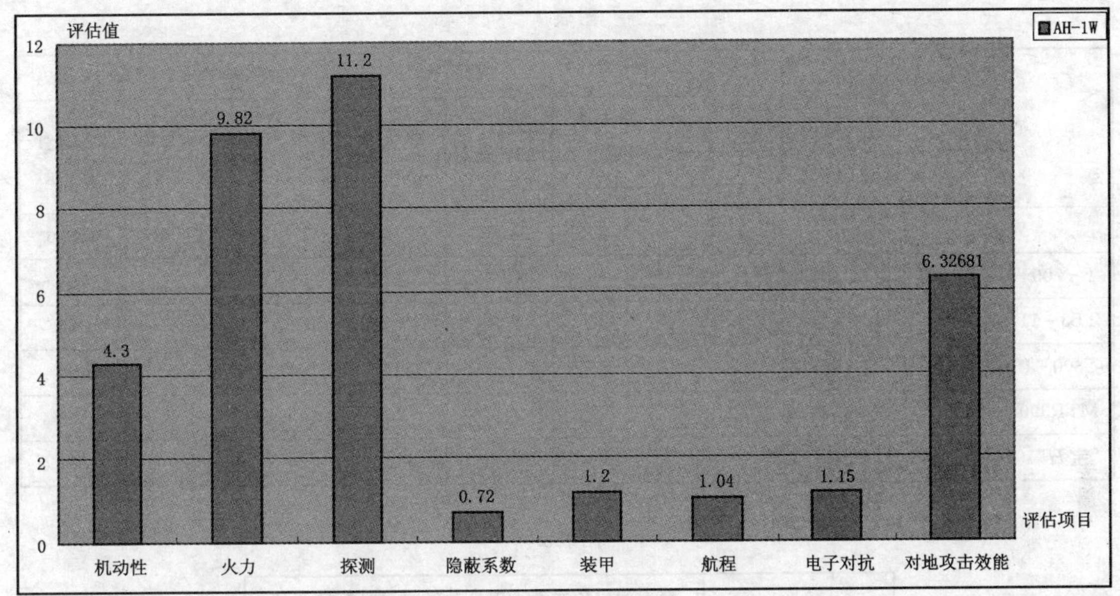

图 4.7　探测—效能图

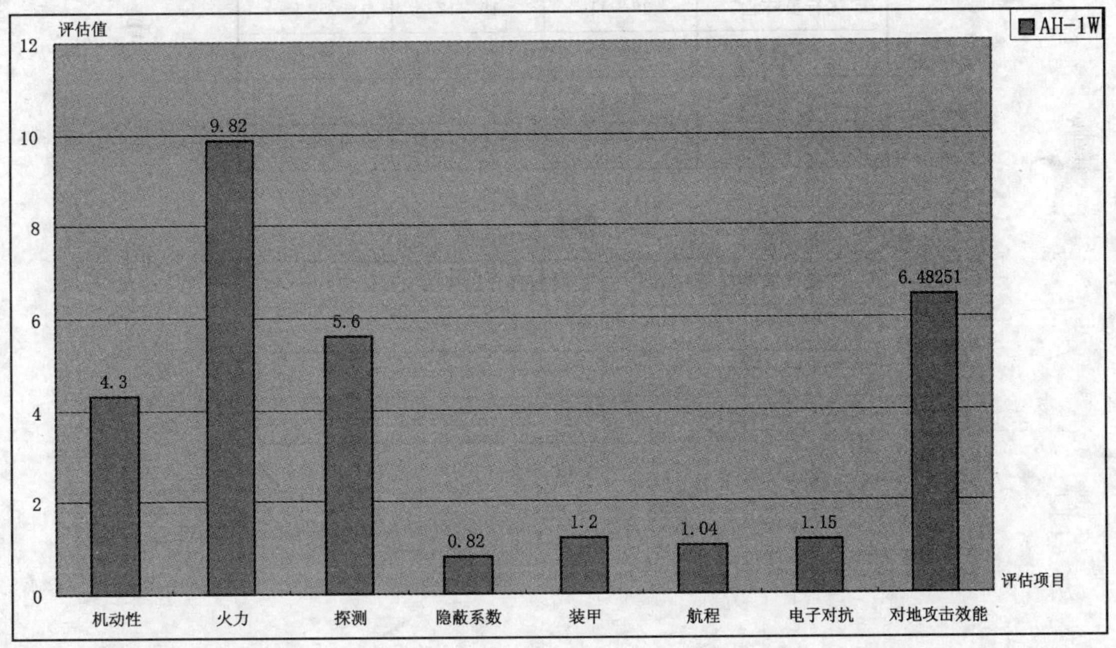

图 4.8　隐蔽性—效能图

附表 1

型　号	参　数							
	起飞功率/kw	空气流量/(kg·s^{-1})	最大连续转速/(r·min^{-1})	最小持续转速/(r·min^{-1})	增压比(π_c)	涡轮前温度 T_3/K	涡轮后温度 T_4/k	发动机干重/kg
WZ8A	526	2.485	50 246	34 700	7.88	1 325	1 118	118.6
T-700-GE-701C	1 466	4.53			17			199
TB3-117BM	1 434	8.75			7.5			285
T800-LHT-801	1 165.5	3.7			14.1			150
MTR390	958	3.2			13			169
“宝石”1004	759				11.5			167

附表 2

击毁原因	被不同口径武器击中直升机的相对数量/mm		
	5.45 和 7.62	12.7 和 14.5	>20
飞行员阵亡	39～41	15～17	3～5
火灾、爆炸	28～30	35～37	49～51
丧失操纵性	29～31	33～35	30～32
发动机停车	0～2	13～15	14～16

附表 3

毁伤武器口径/mm	受伤直升机持续飞行能力/min
5.45	35～60
7.62	30～40
12.7	20～30

第5章 直升机对地作战

5.1 引 言

由于旋翼与固定翼相比，有着不同的工作原理，且在结构上也有不同，使得直升机与固定翼飞机相比，在空气动力学、飞行动力学、操纵特性等方面有许多不同。主要表现在飞行中的空气动力响应较为复杂，操纵反应迟缓、协调动作多、难度大、稳定性差。因此，武装直升机能否适应对装甲目标攻击的任务要求？攻击的可持续时间有多长？就成为要研究的主要内容。

武装直升机反坦克攻击必然涉及地形问题。直升机在进行反坦克攻击时，多以地形地貌为隐蔽物，对目标发起突然攻击，以实现打击的突然性和减小自身的攻击风险。现代地面防空武器的主要对空探测设备为雷达。由于雷达的探测区域内存在着盲区，而直升机的飞行高度多为低空、超低空，正好在雷达的探测盲区内；因此，研究雷达的探测盲区，特别是地形地貌造成的盲区，在直升机的反坦克攻击仿真中有着重要的意义。

5.2 雷达安全盲区的生成

5.2.1 地形模型的建立

任务规划系统采用规则网格方式存取地形数据信息。规则网格是按照固定间隔、按矩形或正方形网格排列的数据形式，其主体数据只须记录和存储每个网格节点的高程值。

任务规划系统根据地空导弹的位置参数和有效作用范围，从战区的地形数据库中提取地形坐标信息，形成规则的矩形地形网格，如图5.1所示，其地形信息是按照经纬度坐标和高程的方式记录。

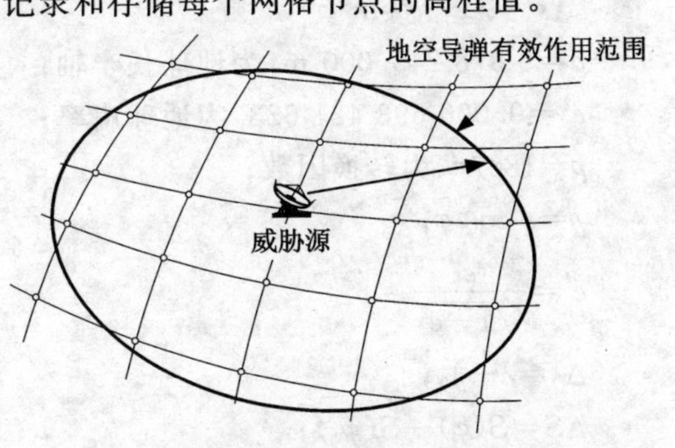

图5.1 按经纬度方式排列的地形网格

任务规划系统中的雷达地形遮蔽盲区信息由地形网格点的经纬度坐标和在该点上的雷达盲区高度、盲区间隙高度构成。经纬度坐标是表示地面点在地球椭球体表面上的位置，属于地理坐标。

在计算雷达地形遮蔽盲区的过程中，需要把地形网格点的坐标从地理坐标系转换到地面局部直角坐标系，即将地空导弹有效作用范围内的地形经纬度坐标转化为以地空导弹雷达发射天线为中心的局部地面直角坐标系中的相对坐标，形成基于局部地面直角坐标系的三维地形网格。

局部地面直角坐标系是以地空导弹雷达发射天线为坐标原点 O，以东、北、天方向为 x,y,z 坐标轴的地面直角坐标系。

设地空导弹雷达天线所在经纬度为(λ_0,φ_0)，以(λ_0,φ_0)点为原点的局部地面直角坐标系的水平面为在(λ_0,φ_0)处的切平面。如图 5.2 所示。

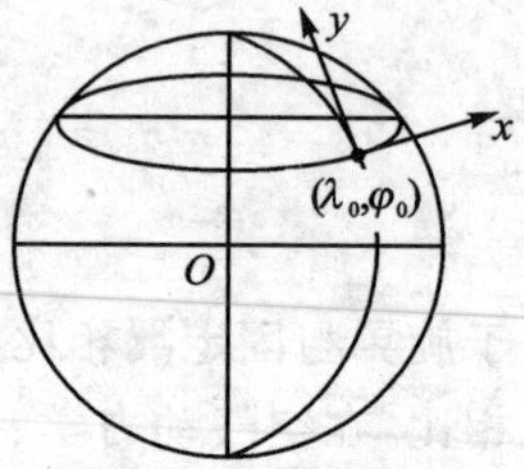

图 5.2 地理坐标系与局部地面直角坐标系相互转换示意图

下面给出在地空导弹有效作用范围内的地形网格点经纬度(λ,φ)在局部地面直角坐标系的坐标(x,y)。

由于我国的地理坐标记录方式采用等角横切椭圆柱投影，即高斯-克吕格投影，因此，在进行地理坐标系与地面局部直角坐标系的转换时，需要根据高斯-克吕格投影公式进行坐标转换。

$$x=\frac{R_N}{\rho}\cos\varphi\cdot\Delta\lambda+\frac{R_N}{6\rho^3}\cos^3\varphi\cdot(1-\mathrm{tg}^2\varphi+\eta^2)\cdot\Delta\lambda^5+\frac{R_N}{120\rho^5}\cos^5\varphi\cdot(5-18\tan^2\varphi+\tan^4\varphi+14\eta^4-58\eta^2\tan^2\varphi)\cdot\Delta\lambda^5+\cdots \tag{5.1}$$

$$y=\Delta S+\frac{R_N}{2\rho^2}\sin\varphi\cos\varphi\cdot\Delta\lambda^2+\frac{R_N}{24\rho^4}\sin\varphi\cos^2\varphi\cdot(5-\mathrm{tg}^2\varphi+9\eta^2+4\eta^4)\cdot\Delta\lambda^4+\frac{R_N}{720\rho^6}\sin\varphi\cos^5\varphi\cdot(61-58\tan^2\varphi+\tan^4\varphi+270\eta^4-330\eta^2\tan^2\varphi)\cdot\Delta\lambda^6+\cdots \tag{5.2}$$

式中：$R_N=\dfrac{a}{\sqrt{1-e^2\sin^2\varphi}}$；

$a=6\ 378\ 245.000$ m，为地球长半轴；

$e^2=0.006\ 693\ 421\ 623$，为地球扁率；

$\rho=180/\pi$，为转换因数；

$\eta=e'\cos\varphi$；

$e'=\dfrac{e}{\sqrt{1-e^2}}$；

$\Delta\lambda=\lambda-\lambda_0$；

$\Delta S=S(\varphi)-S(\varphi_0)$；

$S(\varphi)=a(1-e^2)\cdot\left(\dfrac{A}{\rho}\varphi-\dfrac{B}{2}\sin 2\varphi+\dfrac{C}{4}\sin 4\varphi-\dfrac{D}{6}\sin 6\varphi+\cdots\right)$；

$A = 1.005\ 051\ 773\ 9$；

$B = 0.005\ 062\ 377\ 64$；

$C = 0.000\ 010\ 624\ 51$；

$D = 0.000\ 000\ 020\ 81$。

根据地球长半轴计算，每度对应的弧长 S 大约为

$$S = \frac{2\pi \cdot 6\ 378\ 245}{360} \text{m} \approx 111\ 321.4\ \text{m} \approx 111\ \text{km}$$

而通常的地空导弹的威胁作用范围不大于 200 km，对应地球长半轴弧长为 2°左右。因此，可以认为 $\Delta\varphi < 2°$，于是可对高斯－克吕格投影公式进行简化。

在地理坐标系与地面局部直角坐标系的转换过程中，在 $\Delta\varphi < 2°$ 且 $\Delta\lambda < 2°$ 时，高斯-克吕格投影公式中只取第一项，则为

$$x = \frac{a\cos\varphi}{\sqrt{1 - e^2\sin^2\varphi}} \cdot \frac{\Delta\lambda}{\rho} \tag{5.3}$$

$$y = S(\varphi) - S(\varphi_0) \tag{5.4}$$

由上可见，在以经纬度为(λ_0, φ_0)的点为中心的、$\Delta\varphi < 2°$ 且 $\Delta\lambda < 2°$ 的区域中各地形网格点的分布可以认为是矩形网格分布。

经纬度坐标为(λ, φ)的地形网格点在局部地面直角坐标系中的高程 z 为

$$z = H_{\lambda,\varphi} - \frac{D^2}{2R'} \tag{5.5}$$

式中，$H_{\lambda,\varphi}$为经纬度(λ, φ)地点的海拔高程；

D 为地形网格点(λ, φ)到地面雷达发射天线(λ_0, φ_0)的距离，$D \approx \sqrt{x^2 + y^2}$；

R'为考虑雷达波在大气中折射的地球等效半径，$R' = \frac{4}{3}R$，$R = 6\ 378\ 245.000$ m。

如图 5.3 所示，最终形成以地空导弹雷达发射天线位置中心 O、在地空导弹有效拦截区域内的$(2n+1) \times (2n+1)$个节点 $Q_{i,j}$ 组成的矩形网格（四分之一区域），地形网格的总面积为 $4L^2$。其中，L 为地空导弹的有效拦截半径（杀伤区半径），$\Delta L = L/n$ 为单个矩形网格的边长，n 由地形的平均复杂程度和雷达盲区高度计算精度的要求确定。节点 $Q_{i,j}$ 具有相应地面点的位置坐标和高程，并考虑地球曲率引起的高程误差。

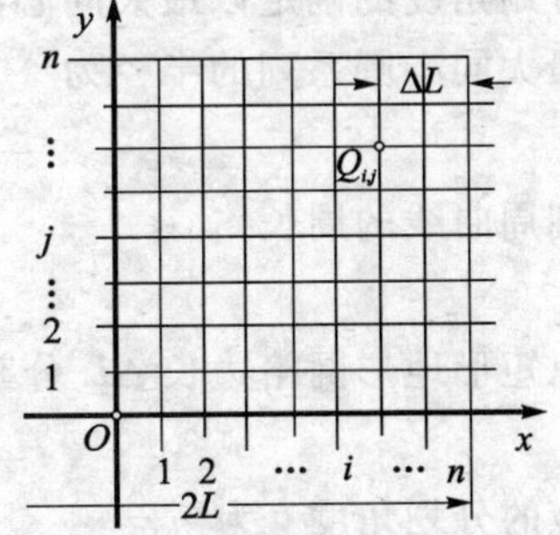

图 5.3　在局部地面直角坐标系下的地形矩形网格（四分之一区域）

在任务规划系统中，n 的取值应使 ΔL 与航迹规划中的地形网格边长成倍数关系，同时应与基于地形匹配的巡航导弹的地形取样长度成倍数关系，以实现不

同系统之间的雷达盲区数据的兼容。

5.2.2　建立以地面雷达天线为中心的极坐标辅助计算网格

建立以地面雷达天线为中心的极坐标辅助计算网格，并对极坐标辅助计算网格节点高程进行插值。

如图 5.4 所示，极坐标辅助计算网格是以雷达发射天线坐标系的坐标原点 O 为圆心、以半径 $R_k(k=1,2,\cdots,n)$ 的同心圆系列为周线、以分划角度 θ 为发射方向的雷达波射线为径线所形成的网格。在极坐标辅助计算网格中，R_k 和 θ 的选择必须保证在威胁有效作用范围内的每个矩形地形网格中包含有至少一个极坐标辅助计算网格节点。

建立极坐标辅助计算网格的过程分为三个步骤：

① 确定同心圆半径；

② 确定分划角度；

③ 对极坐标辅助计算网格节点的高程进行插值。

1. 确定同心圆半径

对同心圆系列半径 R_k 的选取应遵循使同心圆系列经过在地空导弹作用范围内的每个矩形地形网格的原则。因此，在 X 轴及 Y 轴方向上，保证同心圆通过每一个矩形地形网格，则同心圆系列半径 R_k 为

$$R_k = k \cdot \Delta L \tag{5.6}$$

其中，$k=0,1,\cdots,n$，$\Delta L = L/n$ 为矩形地形网格边长。

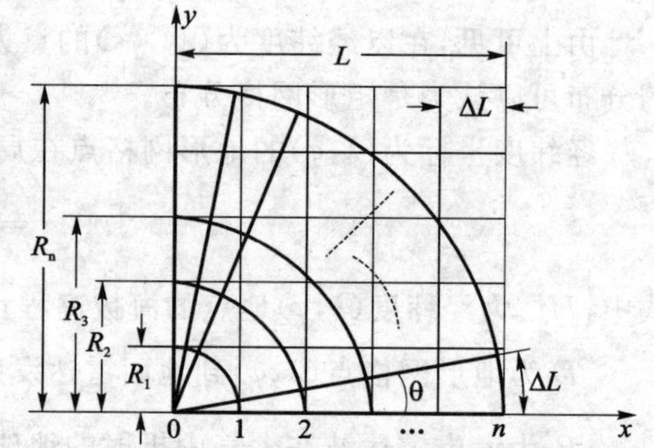

图 5.4　雷达作用范围内四分之一区域的地形网格和极坐标辅助计算网格示意图

2. 确定分划角度 θ

分划角度的确定以最大同心圆为基准。

最大同心圆系列的半径为

$$R = n \cdot \Delta L \tag{5.7}$$

则该圆周曲线的周长 S

$$S = 2\pi \cdot n \cdot \Delta L \tag{5.8}$$

以矩形地形网格边长 ΔL 分割该圆周曲线，得到分划数 m 为

$$m = 2\pi n \tag{5.9}$$

则相应的分划角度 θ 为

$$\theta = \frac{2\pi}{m} = \frac{2\pi}{2\pi n} = \frac{1}{n} \tag{5.10}$$

对分划数进行圆整，得

$$m = \text{int}(2\pi N) + 1$$

相应的分划角度为

$$\theta = \frac{2\pi}{m} \tag{5.11}$$

以角度 $\theta=\dfrac{2\pi}{m}$ 均匀分割同心圆列，得到 $N_\theta=m$ 条源自雷达发射天线的射线。这些射线与以 R_k 为半径的同心圆系列相交，构成极坐标辅助计算网格 $P_{\theta,k}$，如图 5.4 所示。$P_{\theta,k}$ 是沿 θ 增长方向上的、与极坐标辅助计算网格节点相对应的数组结构。该极坐标辅助计算网格保证了每个矩形地形网格中包含至少一个极坐标辅助计算网格节点。

3. 对极坐标辅助计算网格节点的高程插值

对极坐标辅助计算网格节点高程的计算过程采用双线性插值法：

令 $i=\text{int}(k\cdot\cos\theta)$，$j=\text{int}(k\cdot\sin\theta)$，在地形网格中找出由四个网格点 $Q_{i,j}$、$Q_{i+1,j}$、$Q_{i,j+1}$、$Q_{i+1,j+1}$ 形成的局部网格。

通过矩形地形网格节点进行双线性插值，得到极坐标辅助计算网格节点的高程，如图 5.5 所示。

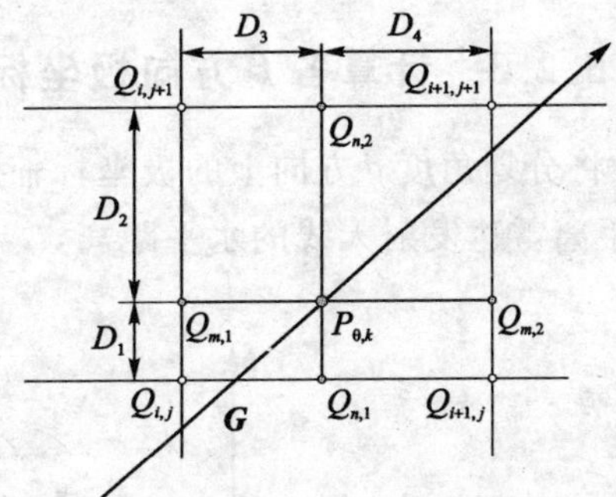

图 5.5　对极坐标辅助计算网格节点高程的双线性插值过程

图 5.5 中，在辐射线 **G** 上的极坐标辅助计算网格节点为 $P_{\theta,k}$，包围 $P_{\theta,k}$ 的四个矩形地形网格节点为 $Q_{i,j}$、$Q_{i+1,j}$、、$Q_{i,j+1}$、$Q_{i+1,j+1}$，相应的高程为 $h_{i,j}$、$h_{i+1,j}$、$h_{i,j+1}$、$h_{i+1,j+1}$。

以平行于 x 轴的铅垂面截矩形网格边 $Q_{i,j}Q_{i,j+1}$ 和 $Q_{i+1,j}Q_{i+1,j+1}$，分别得到交点 $Q_{m,1}$ 和 $Q_{m,2}$，则有

$$D_1 = | Q_{i,j}Q_{m,1} | = | Q_{i+1,j}Q_{m,2} | \tag{5.12}$$

$$D_2 = | Q_{m,1}Q_{i,j+1} | = | Q_{m,2}Q_{i+1,j+1} | \tag{5.13}$$

以平行于 y 轴的铅垂面截矩形网格边 $Q_{i,j}Q_{i+1,j}$ 和 $Q_{i+1,j}Q_{i+1,j+1}$，分别得到交点 $Q_{n,1}$ 和 $Q_{n,2}$，则有

$$D_3 = | Q_{i,j}Q_{n,1} | = | Q_{i,j+1}Q_{n,2} | \tag{5.14}$$

$$D_4 = | Q_{n,1}Q_{i+1,j} | = | Q_{n,2}Q_{i+1,j+1} | \tag{5.15}$$

令 $Q_{m,1}$、$Q_{m,2}$、$Q_{n,1}$ 和 $Q_{n,2}$ 的高程分别为 $h_{m,1}$、$h_{m,2}$、$h_{n,1}$、$h_{n,2}$，对 $h_{m,1}$、$h_{m,2}$、$h_{n,1}$、$h_{n,2}$ 进行线性插值计算，得

$$h_{m,1} = h_{i,j}\cdot\frac{D_2}{D_1+D_2} + h_{i,j+1}\cdot\frac{D_1}{D_1+D_2} \tag{5.16}$$

$$h_{m,2} = h_{i+1,j}\cdot\frac{D_2}{D_1+D_2} + h_{i+1,j+1}\cdot\frac{D_1}{D_1+D_2} \tag{5.17}$$

$$h_{n,1}=h_{i,j}\cdot\frac{D_4}{D_3+D_4}+h_{i+1,j}\cdot\frac{D_3}{D_3+D_4}\tag{5.18}$$

$$h_{m,2}=h_{i,j+1}\cdot\frac{D_4}{D_3+D_4}+h_{i+1,j+1}\cdot\frac{D_3}{D_3+D_4}\tag{5.19}$$

在直线 $Q_{m,1}Q_{m,2}$ 和直线 $Q_{n,1}Q_{n,2}$ 分别对节点 $P_{\theta,k}$ 的高程进行插值，有

$$(h_{\theta,k})_1=h_{m,1}\cdot\frac{D_4}{D_3+D_4}+h_{m,2}\cdot\frac{D_3}{D_3+D_4}\tag{5.20}$$

$$(h_{\theta,k})_2=h_{n,1}\cdot\frac{D_2}{D_1+D_2}+h_{n,2}\cdot\frac{D_1}{D_1+D_2}\tag{5.21}$$

则极坐标辅助计算网格节点 $P_{\theta,k}$ 的高程为

$$h_{\theta,k}=\frac{(h_{\theta,k})_1+(h_{\theta,k})_2}{2}\tag{5.22}$$

5.2.3 计算各 θ 方向极坐标网格节点的雷达盲区高度和盲区间隙高度

将分划角度 θ 方向上的极坐标辅助计算网格数组 $P_{\theta,k}$ 简记为 P_k，$k=0,1,\cdots n$。其中，l_k 为 P_k 距离雷达发射天线的水平距离，$l_k=\Delta L\cdot k$，h_k 为 P_k 点的高程。如图 5.6 所示。

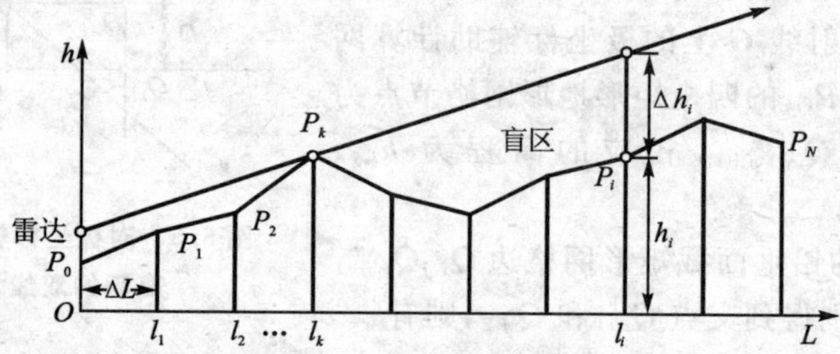

图 5.6 地形遮蔽的计算过程

设 H_k 为 P_k 的雷达盲区高度，Δh_k 为 P_k 的盲区间隙高度。按以下步骤计算 P_k 点的雷达盲区高度和盲区间隙高度：

① 令 $k=0$；

② 连接 P_0P_k 生成雷达射线 L，射线 L 的方程为

$$h=h_0-\frac{l}{l_k}(h_0-h_k)=h_0-\frac{l}{k\cdot\Delta L}(h_0-h_k)\tag{5.23}$$

③ 令 $i=k+1,\cdots,N$，求射线 L 上对应地面点 P_i 的高度 $h_{L,j}$

$$h_{L,i}=h_0-\frac{l_i}{k\cdot\Delta L}(h_0-h_k)=$$

$$h_0-\frac{i\cdot\Delta L}{k\cdot\Delta L}(h_0-h_k)=$$

$$h_0 - \frac{i}{k}(h_0 - h_k) \tag{5.24}$$

④ 若 $h_{L,i} > h_i$，则在 P_i 点的雷达盲区高度为 $H_i = h_{L,i}$，雷达盲区间隙高度为 $\Delta h_i = H_i - h_i$，$i = i + 1$，转向③；否则，继续；

⑤ 在 P_i 点的雷达盲区高度 $H_i = h_i$，盲区间隙高度为 $\Delta h_i = 0$，令 $k = i$，当 $i = n$ 时，继续；否则，转向②；

⑥ 结束。

上述算法为经过自起点 P_0 到终点 P_N 的单向一次性计算过程，可得到 θ 方向上各节点 P_k（即 $P_{\theta,k}$，$k = 0, 1, \cdots, n$）的雷达地形遮蔽盲区高度 H_k 和盲区间隙高度 Δh_k。沿 θ 递增方向逐一计算各 θ 方向的极坐标辅助计算网格节点的雷达地形遮蔽盲区高度，即可得到以雷达发射天线为中心的极坐标辅助计算网格下的地形遮蔽结果。

5.2.4　突防区域地形网格节点的雷达盲区高度和间隙高度的计算

计算地形网格点 $Q_{i,j}$ 到发射源的距离 $|OQ_{i,j}|$ 和方位角 θ_Q，则

$$\theta_Q = \arccos\left(\frac{|OQ_{i,j}|_x}{|OQ_{i,j}|_{xoy}}\right) \tag{5.25}$$

$$\theta_1 < \theta_Q < \theta_2$$

$$|OP_{\theta_1,k}|_{xoy} \leqslant |OQ_{i,j}|_{xoy} \leqslant |OP_{\theta_1,k+1}|_{xoy}$$

$$|OP_{\theta_2,k}|_{xoy} \leqslant |OQ_{i,j}|_{xoy} \leqslant |OP_{\theta_2,k+1}|_{xoy}$$

其中

$$|OP_{\theta_1,k}|_{xoy} = |OP_{\theta_2,k}|_{xoy} = k \cdot \Delta L$$

$$|OP_{\theta_1,k+1}|_{xoy} = |OP_{\theta_2,k+1}|_{xoy} = (k+1) \cdot \Delta L$$

得到 $Q_{i,j}$ 邻近的 4 个极坐标辅助网格点 $P_{\theta_1,k}$、$P_{\theta_1,k+1}$、$P_{\theta_2,k}$、$P_{\theta_2,k+1}$。如图 5.7 所示。

其中，Q_1 和 Q_2 是沿 θ_1 和 θ_2 射线方向的插值点，$|OQ_1| = |OQ_2| = |OQ_{i,j}|$。

沿雷达波传播方向（射线方向）插值的具体计算表达式如下。

令 $P_{\theta_1,k}$、$P_{\theta_1,k+1}$、$P_{\theta_2,k}$、$P_{\theta_2,k+1}$ 的雷达地形遮蔽盲区高度分别为 $H_{\theta_1,k}$、$H_{\theta_1,k+1}$、$H_{\theta_2,k}$、$H_{\theta_2,k+1}$，则 Q_1 和 Q_2 的雷达地形遮蔽盲区高度为

$$H_{Q_1} = H_{\theta_1,k} \cdot \frac{|OQ_1|_{xoy}}{|OP_{\theta_1,k}|_{xoy}} = H_{\theta_1,k} \cdot \frac{|OQ_{i,j}|_{xoy}}{k \cdot \Delta L} \tag{5.26}$$

$$H_{Q_2} = H_{\theta_2,k} \cdot \frac{|OQ_2|_{xoy}}{|OP_{\theta_2,k}|_{xoy}} = H_{\theta_2,k} \cdot \frac{|OQ_{i,j}|_{xoy}}{k \cdot \Delta L} \tag{5.27}$$

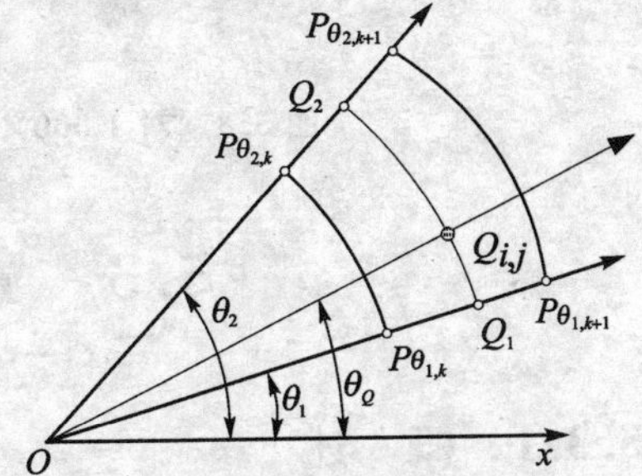

图 5.7　从极坐标计算网格到矩形地形网格的插值过程

$\Delta\theta_1$、$\Delta\theta_2$ 分别是直线 $OQ_{i,j}$ 与 θ_1 和 θ_2 方向射线的夹角，

$$\Delta\theta_1 = \theta_Q - \theta_1, \qquad \Delta\theta_2 = \theta_2 - \theta_Q$$

则，$Q_{i,j}$点的雷达盲区安全高度 $H_{i,j}$为

$$H_{i,j} = H_{Q_1} + \frac{\Delta\theta_1}{\theta_2 - \theta_1}(H_{Q_2} - H_{Q_1}) \tag{5.28}$$

$Q_{i,j}$点的雷达盲区间隙高度 $\Delta h_{i,j}$为

$$\Delta h_{i,j} = H_{i,j} - h_{i,j} \tag{5.29}$$

由于雷达波以直线传播，因此，沿雷达波传播射线方向的线性插值是准确插值。

经过以上步骤，逐一计算威胁作用区域内各个点 $Q_{i,j}$的雷达盲区高度 $H_{i,j}$和雷达盲区间隙高度 $\Delta h_{i,j}$，最终形成突防区域中伴随地面威胁系统的地形遮蔽盲区。最后，将该点的雷达盲区高度 $H_{i,j}$和盲区间隙高度 $\Delta h_{i,j}$存储到地形网格节点中。

可以看出，该方法虽然也是采用逐一计算各地形网格节点的方法，但是由于采用了极坐标辅助计算网格，并且在各 θ 方向上一次性完成网格点盲区高度的计算，从而大大减少了计算量，提高了计算速度。图 5.8 为在地空导弹的有效拦截半径 $L=50$ km，$N\times N=1\ 000\times 1\ 000$，单位长度 $\Delta L=50$ m 的包容地空导弹有效作用范围的地形网格时，运用本文提出的算法得到的雷达地形遮蔽盲区计算效果图。

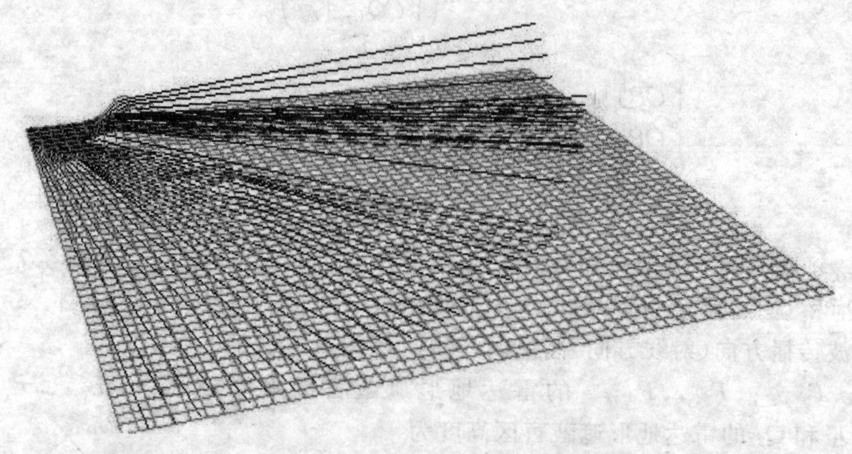

图 5.8 对 1 000×1 000 的地形网格的地形遮蔽结果(局部)

5.3 直升机对地攻击仿真

5.3.1 概 述

直升机能作各种姿态飞行，主要靠旋翼。由于旋翼独特工作原理和构造的独特性，使得直升机与一般飞机在空气动力、操纵性等方面有许多不同的特点。主要表现为：飞行中空气动力

响应复杂，操纵反应迟缓，协调动作多，难度大，加上直升机的稳定性较差，因而直升机驾驶员操纵起来较困难。武装直升机能否执行对地主攻击任务、攻击的机会及可持续的射击时间有多长是本节的主要研究目的。

5.3.2　飞机相对目标运动几何图及方程

由于目前直升机电子设备条件的限制及为了简化所研究的问题，只考虑下述特定条件下纵向攻击平面的情形。

如图 5.9 所示，xOy 为地理坐标系，O 为原点，M 为地面目标，飞机由高度为 y_{m0} 点，以速度为 $\boldsymbol{V}_1$ 向下俯冲攻击，速度向量 $\boldsymbol{V}_1$ 与水平 x_m 的夹角为 λ（设 λ 为常值），$\boldsymbol{D}$ 为目标距离向量，$\boldsymbol{V}_0$ 为炮弹出口速度向量，$\boldsymbol{V}_{01}$ 为炮弹综合速度向量，且 $\boldsymbol{V}_{01}=\boldsymbol{V}_1+\boldsymbol{V}_0$，$\alpha$ 为飞机的迎角，β 为目标线 D 与水平线的夹角，Δe 为瞄准误差，μ 为前置角，α_T 为抬高角。

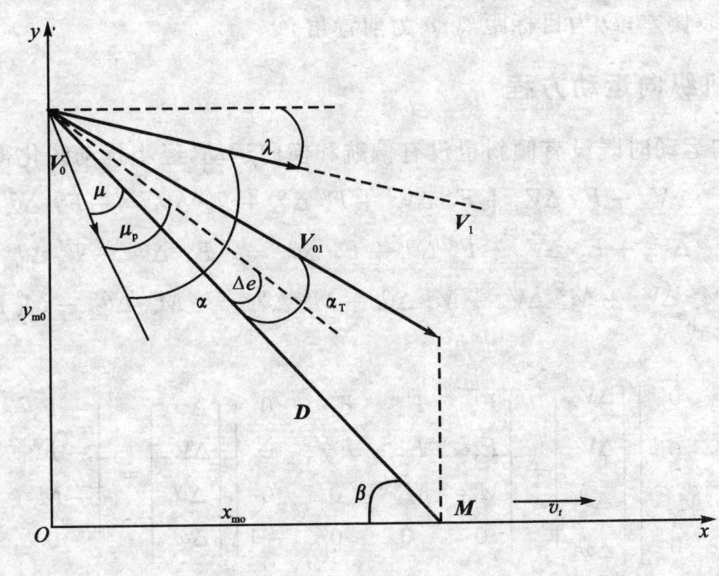

图 5.9

由图 5.9 得到相对运动方程

$$
\begin{aligned}
x_m &= x_{m0} - V_1 \cdot t \cdot \cos\lambda + V_t \cdot t \\
y_m &= y_{m0} - V_1 \cdot t \cdot \sin\lambda
\end{aligned}
\tag{5.30}
$$

式中，x_{m0}，y_{m0} 为飞机到目标的距离 $\boldsymbol{D}$ 在 Oxy 坐标系中的初值描述（飞机初始位置为 y_{m0} 坐标点，目标 M 初始位置为 x_{m0} 坐标点）。

$$D=\sqrt{x_m^2+y_m^2};\tan\bar{\beta}=y_m/x_m;\alpha=\bar{\beta}-\lambda+\mu;\lambda=\theta-\alpha$$

式中，θ 为飞机的俯仰角，设其初值为 θ_0，则

$$\theta=\theta_0+\Delta\theta \tag{5.31}$$

其中，$\Delta\theta$ 为 θ 的增量。

由图 5.9 得

$$\theta_0 = \lambda$$

$$\Delta\theta = \alpha$$

则

$$\mu_p = \mu + \Delta e = \theta - \beta + \Delta e \tag{5.32}$$

5.3.3 火控算法

飞机对地俯冲攻击时的纵向火控算法为

$$\mu = A + A^3/6 \tag{5.33}$$

其中，A 为计算前置角的函数。

$$A = P/D + (V_1/V_{01})\sin\alpha - \alpha_T\cos\theta \tag{5.34}$$

式中，P 为武器安装偏差；D 为目标距离；μ 为前置角。

5.3.4 飞机纵向运动方程

假设飞机纵向运动时既没有倾斜也没有偏航和横向运动，经小扰动线化得纵向方程为

$$F_x^{v_x}\Delta V_x + F_x^{\dot v_x}\Delta\dot V_x + F_x^{v_y}\Delta V_y + F_x^{\dot v_y}\Delta\dot V_y + F_x^{\vartheta_s}\Delta\vartheta_s + F_x^{\dot\vartheta_s}\Delta\dot\vartheta_s = -F_x^{\theta_{2c}}\Delta\theta_{2c} - F_x^{\theta_c}\Delta\theta_c$$

$$F_y^{v_x}\Delta V_x + F_y^{v_y}\Delta V_y + F_y^{\dot v_y}\Delta\dot V_y + F_y^{\vartheta_s}\Delta\vartheta_s + F_y^{\dot\vartheta_s}\Delta\dot\vartheta_s = -F_y^{\theta_{2c}}\Delta\theta_{2c} - F_y^{\theta_c}\Delta\theta_c$$

$$M_z^{v_x}\Delta V_x + M_z^{v_y}\Delta V_y + M_z^{\dot v_y}\Delta\dot V_y + M_z^{\vartheta_s}\Delta\vartheta_s + M_z^{\dot\vartheta_s}\Delta\dot\vartheta_s = -M_z^{\theta_{2c}}\Delta\theta_{2c} - M_z^{\theta_c}\Delta\theta_c$$

写成矩阵的形式为

$$\begin{bmatrix} F_x^{\dot v_x} & F_x^{\dot v_y} & F_x^{\dot\vartheta_s} & 0 \\ 0 & F_y^{\dot v_y} & F_y^{\dot\vartheta_s} & 0 \\ 0 & M_z^{\dot v_y} & M_z^{\dot\vartheta_s} & M_z^{\ddot\vartheta_s} \\ 0 & 0 & 1 & 0 \end{bmatrix}\begin{bmatrix} \Delta\dot V_x \\ \Delta\dot V_y \\ \Delta\dot\vartheta_s \\ \Delta\dot\omega_z \end{bmatrix} + \begin{bmatrix} F_x^{v_x} & F_x^{v_y} & F_x^{\vartheta_s} & 0 \\ F_y^{v_x} & F_y^{v_y} & F_y^{\vartheta_s} & 0 \\ M_z^{v_x} & M_z^{v_y} & 0 & 0 \\ 0 & 0 & 0 & -1 \end{bmatrix}\begin{bmatrix} \Delta v_x \\ \Delta V_y \\ \Delta\vartheta_s \\ \Delta\omega_z \end{bmatrix} = \begin{bmatrix} -F_x^{\theta_{2c}} & -F_x^{\theta_c} \\ -F_y^{\theta_{2c}} & -F_y^{\theta_c} \\ -M_z^{\theta_{2c}} & -M_z^{\theta_c} \\ 0 & 0 \end{bmatrix}\begin{bmatrix} \Delta B_{1S} \\ \Delta\theta_c \end{bmatrix} \tag{5.35}$$

经矩阵运算后简写为

$$\dot X = \boldsymbol{A}X + \boldsymbol{B}U$$

以反坦克直升机 BO105 为例在飞行速度 157 km/h 时相应的计算结果为

$$A = \begin{bmatrix} -0.024\,876 & -0.086\,168 & -9.796\,097 & 2.998\,346 \\ 0.027\,681 & -0.911\,296 & -0.444\,761 & -44.371\,490 \\ 0.000\,000 & 0.000\,000\,0 & 0.000\,000 & 1.000\,000 \\ 0.051\,635 & -0.127\,940 & -0.000\,507 & -6.881\,619 \end{bmatrix}$$

$$B=\begin{bmatrix} -0.016\ 837 & 0.000\ 278 \\ 0.066\ 866 & 0.096\ 500 \\ 0.000\ 000 & 0.000\ 000 \\ 0.098\ 302 & 0.024\ 916 \end{bmatrix}$$

本文先假定 $\Delta\theta_c$ 为 0，输入量仅有 ΔB_{1S}（相应于纵向变距角操纵 $\Delta\theta_{2c}$ 项），故 **B** 阵只有第一列数据有效。

5.3.5 驾驶员模型

实验证明，驾驶员可用下述传递函数表示：

$$\frac{输出}{输入}=K\frac{1+sT_2}{1+sT_1}*\frac{\exp(-ST_d)}{1+sT_3} \tag{5.36}$$

式中，人的延迟时间 $T_d=0.2$ s，低频稳定时间常数 $T_1\approx 10$ s；高频稳定时间常数 $T_2\approx 0.5$ s；惰性滞后时间常数 $T_3\approx 0.1$ s；增益 $K\approx 2\sim 100$。所有这些数值，对于不同的驾驶员变化都是很大的，但它们之间的比例（如 T_1/T_3）则比较稳定，其变化范围很少超过 2∶1。

驾驶员操纵飞机攻击时，其输入是瞄准误差 $\Delta e=\mu-\mu_p$ 及目标线转率 $\dot{\beta}$，所以驾驶员的输入为 $e_m=\Delta e+K_{\dot{\beta}}\dot{\beta}$，其输出是操纵量 ΔB_{1S}。

将 $\exp(-sT_d)$ 展开成级数，并取一定近似得

$$\exp(-sT_d)=1-sT_d$$

这样，驾驶员模型传递函数变为

$$\frac{\Delta B_{1S}}{e_m}=K\frac{(1+sT_2)(1-sT_d)}{(1+sT_1)(1+sT_3)}=k\frac{-T_2T_dS^2+(T_2-T_d)s+1}{T_1T_2s^2+(T_1+T_3)s+1} \tag{5.37}$$

令 $y_1=\Delta B_{1S}-\beta_0e_m$，$y_2=y_1-\beta_1e_m$

其中：$\beta_0=-(KT_2T_d/T_1T_3)$；

$\beta_1=[(T_2-T_d)+KT_2T_d(T_1+T_3)/T_1T_3]/(T_1T_3)$；

$\beta_2=\{T_1T_3+KT_2T_d-(T_1+T_3)*[(T_2-T_d)+KT_2T_d(T_1+T_3)/(T_1T_3)]\}/(T_1T_2)^2$。

则得状态方程为

$$\begin{bmatrix}\dot{y}_1\\ \dot{y}_2\end{bmatrix}=\begin{bmatrix}0 & 1\\ -\bar{a}_2 & -\bar{a}_1\end{bmatrix}\begin{bmatrix}y_1\\ y_2\end{bmatrix}+\begin{bmatrix}\beta_1\\ \beta_2\end{bmatrix}e_m \tag{5.38}$$

其中，$\bar{a}_1=(T_1+T_3)/(T_1T_3)$；$\bar{a}_2=1/(T_1T_3)$。

输出方程为

$$\Delta B_{1S}=y_1+\beta_0e_m \tag{5.39}$$

5.3.6 仿真算例

令初时飞机速度向量 $\mathbf{V}_1$ 与水平线 X_m 的夹角取为 $\lambda=10°$，仿真算例的计算结果（仿真图

中两水平线分别对应瞄准误差＋0.3°和－0.3°,两线之间为可攻击区)为：

(1) 当坦克行走速度为 36 km/h 时,如图 5.10～5.13 所示。

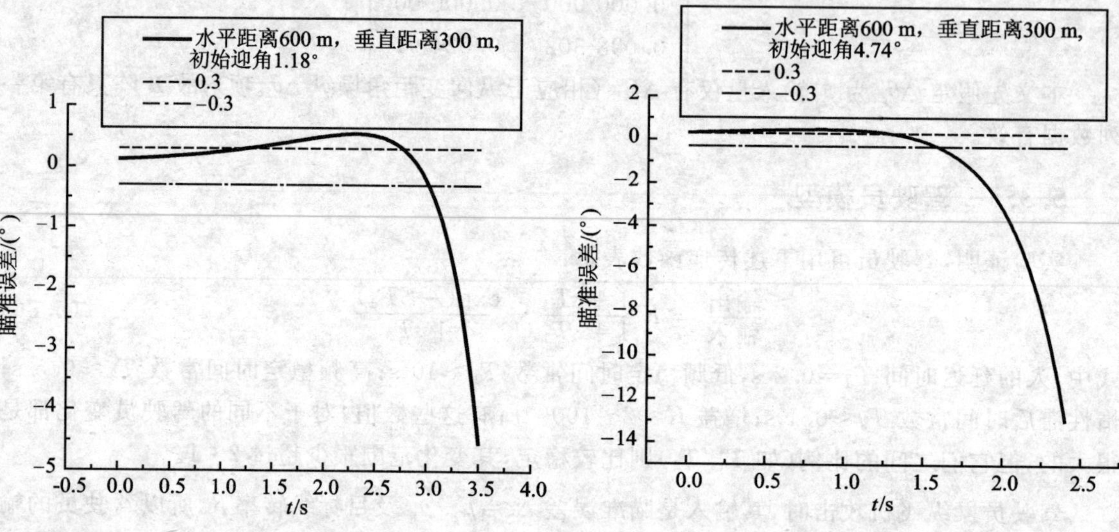

图 5.10　瞄准误差随时间的变化

图 5.11　瞄准误差随时间的变化

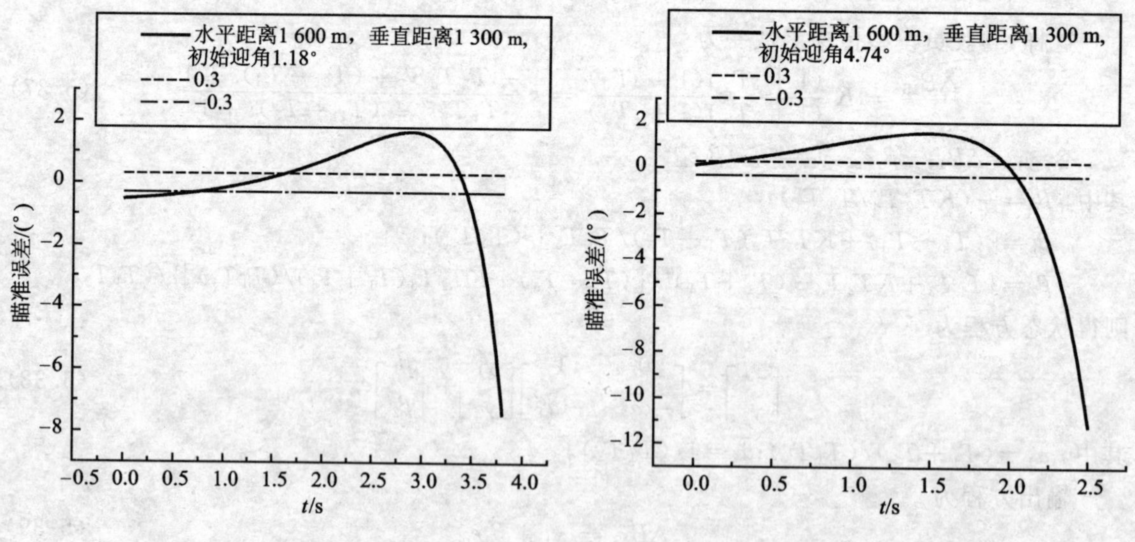

图 5.12　瞄准误差随时间的变化

图 5.13　瞄准误差随时间的变化

(2) 当坦克静止时,仿真结果如图 5.14,5.15 所示。

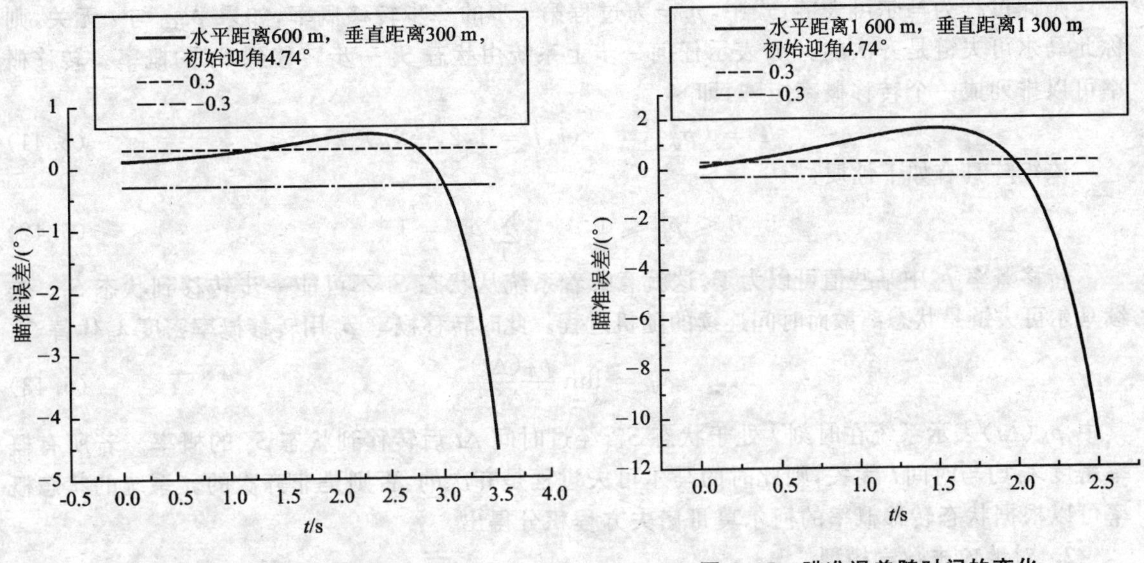

图 5.14 瞄准误差随时间的变化

图 5.15 瞄准误差随时间的变化

5.4 直升机对地攻击效能分析

对直升机的空-地攻击特征进行分析、建模，从而评估其效能，不仅有助于现役武器系统的最优使用，而且可用于支持新型作战飞机的发展和武器系统装备规划决策。

空对地攻击是指飞机在一个敌对环境中的对方威胁下攻击指定地（海）面目标的作战任务。本节考虑一架飞机攻击一个地面被动目标（自身不具防卫能力）的情况，根据建立的随机数学模型，导出效能度量的表达式。

5.4.1 飞机空对地攻击数学模型

1. 马尔可夫链

马尔可夫(Markov)过程是一个随机过程，它在作战模型建模中经常被应用到。

一个随机过程，如果对于每一时刻 t_0，系统未离处于任何状态的概率仅仅与当时($t=t_0$)的状态有关，而与系统在此前状态无关，则称这种随机过程为马尔可夫过程。根据状态集和过程参数集的离散和连续性，马尔可夫过程可分为马尔可夫链(状态离散和时间离散)、连续马尔可夫链(状态离散和时间连续)和连续马尔可夫过程(状态和时间连续)。

如果随机过程$\{x(t),t=0,1,2,\cdots\}$，$x(t)$只有 n 个可能值 $S_1,S_2,\cdots,S_n$，且

$$p\{x(t+1)=S_j \mid x(t)=S_i,x(t-1)=S_{i-1},x(1)=S_1,x(0)=S_0\}=p\{x(t+1)=S_j \mid x(t)=S_i\}=p_{ij(t)} \tag{5.40}$$

则此过程为马尔可夫链，式中，$p_{ij(t)}$ 为过程第 t 步的一步转移概率，如果 $p_{ij(t)}$ 与 t 无关，则称此马尔可夫链是齐次的。p_{ij} 表示任何一步上系统由状态 S_i 一步转移到 S_j 的概率。转移概率可以排列成一个转移概率矩阵，即

$$\boldsymbol{T} = (p_{ij}), \qquad (i,j = 1,2,\cdots,n) \tag{5.41}$$

该矩阵具有如下性质：

$$0 \leqslant p_{ij} \leqslant 1, \qquad \sum_j p_{ij} = 1 \tag{5.42}$$

转移概率 p_{ij} 中某些值可以为零，这就意味着系统从状态 S_i 不可能一步转移到状态 S_j。连续马尔可夫链是状态离散而时间连续的随机过程。此时转移概率 p_{ij} 用转移概率密度 λ_{ij} 代替

$$\lambda_{ij} = \lim_{\Delta t \to 0} \frac{p_{ij}(\Delta t)}{\Delta t} \tag{5.43}$$

其中 $p_{ij}(\Delta t)$ 表示系统在时刻 t 处于状态 S_i，经过时间 Δt 后转移到状态 S_j 的概率。若所有概率密度 λ_{ij} 均与时间 t 无关，则此时的马尔可夫过程是齐次的，否则是非齐次的。系统的状态概率可以根据状态转移概率的柯尔莫哥诺夫方程积分得出。

2. 对地攻击数学模型

飞机起飞后，抵达战区的飞行时间为 t_0，下面的分析以 t_0 时刻为时间始点，并且不计飞机在此期间由于其他原因终止任务的概率。假定飞机搜索、识别和定位目标的时间服从参数为 μ 的负指数分布，飞机捕获目标即向目标开火，忽略攻击时间，则在 $(t,t+\Delta t)$ 内目标被捕获和攻击的概率为 $\mu\Delta t$，设 p_2 为目标受一次攻击后被击毁的概率，则攻击后目标存活的概率为 $(1-p_2)$。一旦飞机进入战区即暴露在敌人的威胁之中，设敌人的威胁为一个强度为 K 的泊松过程，略去时间微量 Δt 内飞机遭遇一次以上威胁的事件，则在 $(t,t+\Delta t)$ 内飞机遭遇到一次威胁的概率为 $\lambda\Delta t$，设 p_1 为飞机遭遇一次威胁后被击毁的概率，则遭遇威胁后飞机生存的概率为 $(1-p_1)$。另外被动目标独立于它的防卫火力。

把飞机对地攻击过程看作一个两状态连续参数马尔可夫链，用 $i(i=0,1)$ 和 $j(j=0,1)$ 分别代表目标和飞机的状态，"0"表示"被击毁"，"1"表示"仍生存"，参数为连续的战斗时间 t，则在 $t=0$ 时 $p(i,j,t)$ 为

$$p(1,1,0) = A_0; p(1,0,0) = 1 - A_0; p(0,1,0) = 0; p(0,0,0) = 0 \tag{5.44}$$

设任意 $t \geqslant 0$ 时刻战斗仍进行，则在 $t+\Delta t$ 时，目标和飞机均生存的概率等于飞机没有遭遇威胁与目标未受攻击的概率、飞机未遭遇威胁与目标受到攻击但仍存活的概率、飞机遭遇威胁而未被击毁与目标未受攻击的概率和飞机遭遇威胁而未被击毁与目标受到攻击但仍存活的概率之和为

$$\begin{aligned} p(1,1,t+\Delta t) = & p(1,1,t)(1-\lambda\Delta t)(1-\mu\Delta t) + p(1,1,t)(1-\lambda\Delta t)\mu\Delta t(1-p_2) + \\ & p(1,1,t)(1-\mu\Delta t)\lambda\Delta t(1-p_1) + \\ & p(1,1,t)(1-p_2)\mu\Delta t\lambda\Delta t(1-p_1) + 0(\Delta t) \end{aligned} \tag{5.45}$$

式中的 $0(\Delta t)$ 反映战斗为连续过程。两端减去 $p(1,1,t)$，略去右端高阶小量，同除 Δt，上式变成一个一阶微分方程。令 $\alpha=\lambda p_1,\beta=\mu p_2$，并取式(5.44)中的 $A_0=1$ 作为初始条件，解方程得

$$p(1,1,t)=\mathrm{e}^{[-(\alpha+\beta)t]} \tag{5.46a}$$

类似地可得

$$p(1,0,t)=\frac{\alpha}{\alpha+\beta}\{1-\mathrm{e}^{[-(\alpha+\beta)t]}\} \tag{5.46b}$$

$$p(0,1,t)=[1-\mathrm{e}^{(-\beta)t}]\mathrm{e}^{(-\alpha)t} \tag{5.46c}$$

$$p(0,0,t)=1-\mathrm{e}^{(-\alpha)t}-\frac{\alpha}{\alpha+\beta}\{1-\mathrm{e}^{[-(\alpha+\beta)t]}\} \tag{5.46d}$$

3. 飞机空对地攻击效能指标确定

(1) 任务成功率

任务成功率有两种定义，可定义为飞机没有被击落的概率(即飞机生存概率)

$$E'_{\mathrm{MS}}=p(1,1,t)+p(0,1,t)=\mathrm{e}^{(-\alpha)t} \tag{5.47}$$

和飞机生存与目标被击毁的概率

$$E_{\mathrm{MS}}=p(0,1,t)=[1-\mathrm{e}^{(-\beta)t}]\mathrm{e}^{(-\alpha)t} \tag{5.48}$$

其中，E 为效能指标，下标 MS 表示任务成功率。由于飞机的主要目的是攻击预定目标，同时尽量保存自己，因此式(5.48)更能体现任务成功率的含义。

(2) 目标被击毁率

可以定义为目标被击毁而飞机生存的概率以及目标与飞机均被击毁的概率之和为

$$E_{\mathrm{TK}}=p(0,1,t)+p(0,0,t)=\frac{\alpha}{\alpha+\beta}\{1-\mathrm{e}^{[-(\alpha+\beta)t]}\} \tag{5.49}$$

其中，下标 TK(Target Killed)表示目标被击毁。

(3) 飞机损失率

定义为

$$E_{\mathrm{AK}}=p(1,0,t)+p(0,0,t)=1-\mathrm{e}^{(-\alpha)t} \tag{5.50}$$

可见，$E_{\mathrm{AK}}=1-E_{\mathrm{MS}}$。

4. 飞机空对地攻击效能计算参数确定

对上述效能指标进行分析，首先要确定 4 个关键参数：p_1，p_2，λ，和 μ。

(1) 遭遇一次威胁被击毁的概率

直升机遭遇单个威胁被击毁概率表示为

$$p_{\mathrm{KE}}=p_{\mathrm{D}}p_{\mathrm{L}}p_{\mathrm{KSS}} \tag{5.51}$$

式中，p_{D} 为直升机被地面目标防空雷达探测到的概率，用下式计算，即

$$p_{\mathrm{D}}=1+\int^{p_{\mathrm{n}}}\mathrm{e}^{-(S/N)}I_0[-4(S/N)\ln u]\mathrm{d}u \tag{5.52}$$

式中，p_n 为虚警概率，I_0 为零阶双曲贝塞尔函数，S/N 为信噪比。

p_L 为目标防御系统向战斗机发射或射击出威胁体的概率。

p_{KSS}为战斗机的单发击毁概率。

在任务过程中攻击直升机可能与 m 类不同的防空武器系统遭遇，此时直升机被击毁概率为

$$p_1 = 1-(1-p_{KE1})(1-p_{KE2})\cdots(1-p_{KEm})$$

(2) 地面目标受攻击后被击毁的概率

若令 P_W为武器命中精度；F 为目标毁伤系数，定义为当量打击能力指数与目标承受能力指数之比。向目标投射 n 类不同的武器时，目标被击毁概率为

$$p_2 = 1-(1-p_{W1}F_1)(1-p_{W2}F_2)\cdots(1-p_{Wn}F_n)$$

(3) 频率指标

假设直升机遭遇到的敌人威胁火力为一个强度为 λ 的泊松过程，λ 的物理意义为单位时间内战斗机被所攻击目标的防卫力量探测、识别和跟踪后，受到已发射的导弹或其他损伤机理威胁的平均次数。设直升机进入战区即受目标防空火力系统的雷达探测，则战斗机遭遇一次威胁的时间为

$$\lambda^{-1} = t_S + t_T + t_R + t_F$$

其中：t_S 为搜索雷达发现目标时间；t_T 为搜索雷达与跟踪雷达体制转换时间；t_R 为武器系统待发和判断射击准备时间；t_F 为威胁体飞行时间。

此前假设飞机捕获并攻击地面目标的时间服从参数为 μ 的负指数分布，μ 的意义是单位时间内战斗机对目标实施攻击的平均次数，即 μ^{-1} 为从 0 时刻起战斗机搜索、定位、识别并攻击目标耗费的平均时间。它与机载导航和瞄准设备，座舱视场，机载雷达的下视能力和其他辅助电光设备等有关，一般还与飞行员的飞行技术和战斗经验、攻击计划、使用的战术和气候条件以及携载的武器性能等有关。

5.4.2 直升机与坦克格斗数学模型

1. 通用模型

根据 B. O. Koopman 发展的“探测—击毁”基本格斗模型，击毁敌方一个战斗装置之前，必须首先发现该目标。为简化起见，考虑直升机对坦克的一对一格斗情况，作战过程可以分解为发现目标过程和攻击目标过程。

发现目标过程有四种状态：

(1) 状态一　直升机、坦克互不发现；

(2) 状态二　直升机发现坦克，坦克未发现直升机；

(3) 状态三　坦克发现直升机，直升机未发现坦克；

(4) 状态四　直升机、坦克相互发现。

攻击目标过程有两种状态：

(1) 状态五　坦克被击毁，直升机生存；

(2) 状态六　直升机被击毁，坦克生存。

这种作战动态过程用离散的状态转移随机过程来研究，以图论方法将各个状态转移关系画出，如图 5.16 所示，同时列出转移随机方程，把物理现象转化为数学模型。

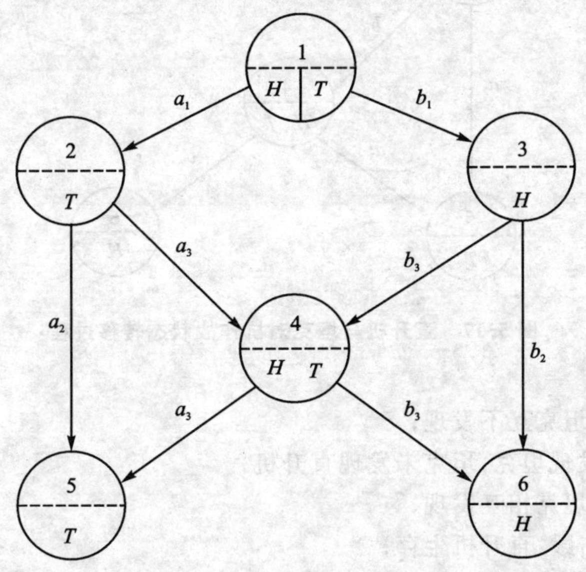

图 5.16　直升机与坦克对抗作战过程

图 5.16 中，a_1，a_2，a_3，b_1，b_2，b_3 为各状态空间转移速率，其定义域为[0,1]。这种过程符合马尔可夫特性，是无后效的。过程初始状态 $t=0$，系统只处于状态一，其余各状态出现的概率为 0。

战斗结束后($t\to\infty$)，随机方程组得到稳态解，系统只处于状态五和状态六，其余状态概率收敛为 0，此时的 $P_5(t\to\infty)$ 为坦克被击毁概率，$P_6(t\to\infty)$ 为直升机被击毁概率。

其作战兑换比为

$$K=\frac{P_5(t\to\infty)}{P_6(t\to\infty)}$$

2. 直升机采取贴地飞行时采用的模型

在通用模型中，作战兑换比是一般情况下的结果，比较复杂。若直升机采取贴地飞行战术，隐蔽接敌，则坦克难以发现直升机。而且由于直升机机动性比坦克好，在接敌过程中，即使偶尔被坦克发现，也很容易再次隐蔽脱逃。而坦克若被直升机发现，一般难以隐蔽脱逃。直升机在忽隐忽现显示中发现坦克。只有在攻击坦克时，为了瞄准和制导需要暴露 10 s 以上，才可能遭受坦克反直升机火力的攻击。在构造格斗数学模型时，可认为战斗开始是直升机先发现坦克,而坦克不可能先发现直升机。其状态转移过程如图 5.17 所示。

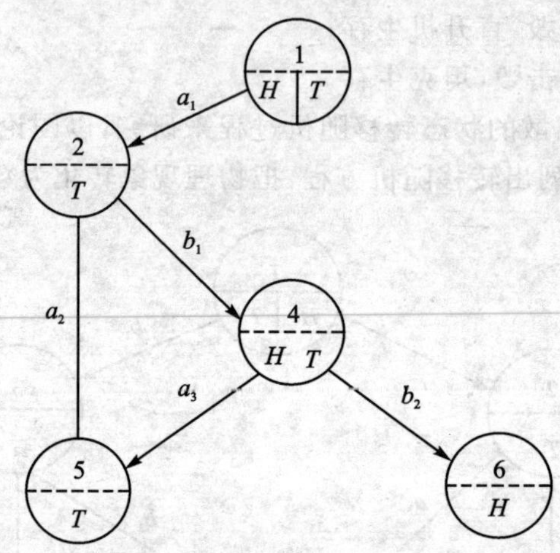

图 5.17 直升机与坦克对抗作战状态转移过程

其状态为:

状态一　直升机、坦克互不发现;

状态二　直升机发现坦克,坦克未发现直升机;

状态四　直升机、坦克相互发现;

状态五　坦克被击毁,直升机生存;

状态六　直升机被击毁,坦克生存。

图中 a_1,a_2,a_3,b_1,b_2 为各状态空间转移速率,其定义域为[0,1]。

其随机方程组为

$$\left.\begin{aligned} P'_1(t) &= -a_1P_1(t) \\ P'_2(t) &= a_1P_1(t)-(a_2+b_1)P_2(t) \\ P'_4(t) &= b_1P_2(t)-(a_3+b_2)P_4(t) \\ P'_5(t) &= a_2P_2(t)+a_3P_4(t) \\ P'_6(t) &= b_2P_4(t) \end{aligned}\right\} \tag{5.53}$$

同样,初始状态为 $t=0$ 时,有

$$P_1(t)=1, P_2(t)=P_4(t)=P_5(t)=P_6(t)=0$$

战斗结束($t\to\infty$)时,得到方程的稳态解,即

$$\left.\begin{aligned} P_1(t) &= P_2(t)=P_4(t)=0 \\ P_5(t) &= \frac{a_2}{a_2+b_1}+\frac{a_3b_1}{(a_3+b_2)(a_2+b_1)} \\ P_6(t) &= \frac{b_1b_2}{(a_3+b_2)(a_2+b_1)} \end{aligned}\right\} \tag{5.54}$$

因此作战兑换比为

$$K = \frac{P_5(t \to \infty)}{P_6(t \to \infty)} = \frac{a_2 a_3}{b_1 b_2} + \frac{a_2}{b_1} + \frac{a_3}{b_2} \tag{5.55}$$

由此可见，作战兑换比完全取决于各状态间的转移速率。

5.5　不同武器系统对地攻击效能简述

本节主要简述直升机主要武器系统——子母弹和火箭武器对地攻击的效能。

5.5.1　直升机装备子母弹对地攻击效能分析

1. 效能指标模型

在本节中，攻击直升机的作战能力用对目标的摧毁概率来衡量，不考虑防空力量等作战运用上的问题，只是从技术角度出发，摧毁地面目标概率 p 等于突防生存概率 p_s、发现目标概率 p_f 和武器杀伤概率 p_k 的乘积，即

$$p = p_s p_f p_k \tag{5.56}$$

直升机生存概率 p_s 可以用下式表示

$$p_s = 1 - p_b p_h p_n \tag{5.57}$$

其中，p_b 为被发现概率，p_h 为被命中概率，p_n 为被击毁概率。

从技术角度来说，直升机被发现的概率与被命中概率可以近似认为与直升机尺寸以及雷达反射截面大小有关，此外还与直升机突防高度、速度以及直升机结构强度、是否装有装甲等易损性因素有关。

减小直升机被发现的概率可以通过减少反光强度来防目视探测、通过采用红外抑制技术来防红外探测、通过降低气动噪声，桨尖后掠来防音响探测、通过减小金属反射面来防雷达探测等。

减小直升机被发现的概率可以采用如下方法：

① 减小暴露时间，减小反坦克弹药发射时间，增大反坦克弹药飞行速度；

② 增大机动回避能力，装备“发射后不管”的先进导弹；

③ 增大反坦克弹药的射程。

直升机发现目标的概率与直升机飞行高度、速度、空中搜索时间、搜索地面面积等因素有关。如直升机装备雷达或夜视设备，则发现目标概率根据设备性能决定。

直升机杀伤地面目标的概率与武器性能、目标特性等因素有关，其大小由直升机携带武器的品种、数量来决定。设直升机带有多种对地攻击武器，其数量及杀伤概率分别为 m、n 和 p_m、p_n，则直升机对地杀伤概率为

$$P_{杀伤} = [1 - (1 - P_m)^m] + [1 - (1 - P_n)^n]$$

本节仅考虑反坦克子母弹的作战效能及杀伤概率与机动性目标特性，子母弹散布参数的关系，而忽略直升机突防概率和发现目标概率对攻击效能影响。

2. 机动目标坦克行进队形

坦克的进攻可以分为营编 31 辆坦克进攻队形和营编 54 辆坦克队形，以及连进攻 10 辆坦克编制队形。采取 10 辆坦克连成前三角队形、后三角队形、横队、纵队等。由图 5.18 可知，连成前三角队形第 i 辆坦克坐标为

$$\boldsymbol{R}_i = (I - I_0)\boldsymbol{T}_D - \boldsymbol{T}_V \tag{5.58}$$

式中，$\boldsymbol{R}_i$ 为第 i 辆坦克坐标向量，$\boldsymbol{T}_D$ 为坦克间距向量，$\boldsymbol{T}_V$ 为坦克运动距向量，I 为第 i 辆坦克序号，I_0 为坐标原点的坦克序号。

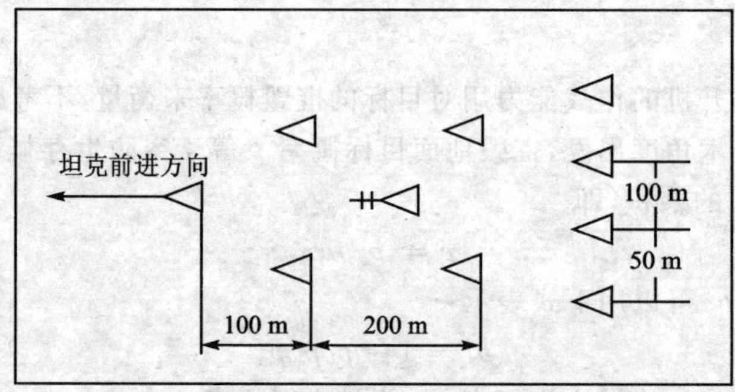

图 5.18　连成前三角队形坦克编队示意图

连成其他队形的坐标计算公式与式(5.58)类似。

3. 子弹散布模型

作如下假设：

① 母弹抛射时，母弹弹轴与 $\boldsymbol{V}_H$ 方向一致；

② 母弹为右旋弹；

③ 子母弹抛射机构功能是使子弹脱离母弹，且赋予子弹一大小相等的速度 $\boldsymbol{V}_d$，$\boldsymbol{V}_d$ 的方向是个随机量；

④ 子弹在母弹中是分层、分段紧密排列的；

⑤ 子弹以段为单位，逐段、等时间间隔地被抛出，时间间隔为 Δt；

⑥ 母弹在 H 点状态是确定的。

图 5.19 为描述子弹运动的坐标系。图中 Ox 在射击平面内，且 Ox 平行于水平平面；Oy 在射击平面内，且 $Oy \perp Ox$；$O-Oxy$ 构成右手直角坐标系；$O-xyz$ 绕 z 轴转 θ 角就得到 $O-x'y'z'$。以顺时针为正，Ox' 与弹轴重合；ψ 为 $\boldsymbol{V}_{\mathrm{d}}$ 在 $O-y'z'$ 平面内的投影 V_z 与 z' 轴的夹角；φ 为 $\boldsymbol{V}_{\mathrm{d}}$ 与 x' 轴的夹角；V_1 为 $\boldsymbol{V}_{\mathrm{d}}$ 在 x' 上的投影，ε' 为 $\boldsymbol{V}_{\omega}$ 与 Z' 轴夹角，而 $\boldsymbol{V}_{\omega}$ 为由 ω_{H} 产生子弹运动速度。

子弹的初速度为

$$\boldsymbol{V}_0=\boldsymbol{V}_{\mathrm{H}}+\boldsymbol{V}_{\mathrm{d}}+\boldsymbol{V}_{\omega}$$

其中,$\boldsymbol{V}_{\mathrm{H}}$ 为母弹末速传给子弹速度,$\boldsymbol{V}_{\omega}$ 为母弹末速赋予子弹速度,$\boldsymbol{V}_{\mathrm{d}}$ 为抛射机构赋予子弹速度。子弹初速度在坐标轴上的分量为

$$V_{0x}=(\boldsymbol{V}_{\mathrm{H}}+\boldsymbol{V}_{\mathrm{d}}\cos\varphi)\cos\theta+(\omega_{\mathrm{H}}r\cos\varepsilon+\boldsymbol{V}_{\mathrm{d}}\sin\varphi\sin\psi)\sin\theta \tag{5.59a}$$

$$V_{0y}=-(\boldsymbol{V}_{\mathrm{H}}+\boldsymbol{V}_{\mathrm{d}}\cos\varphi)\sin\theta+(\omega_{\mathrm{H}}r\cos\varepsilon+\boldsymbol{V}_{\mathrm{d}}\sin\varphi\sin\psi)\cos\theta \tag{5.59b}$$

$$V_{0z}=\omega_{\mathrm{H}}r\sin\varepsilon+\boldsymbol{V}_{\mathrm{d}}\sin\varphi\cos\psi \tag{5.59c}$$

其中,$\varepsilon=\frac{\pi}{2}-\varepsilon'$,$r$ 为子弹质心到弹轴距离。

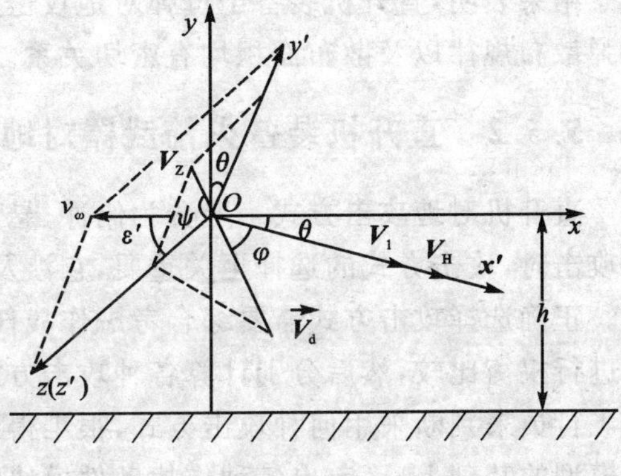

图 5.19　描述子弹运动的坐标系

由弹道学可知,子弹只受重力 G 和空气阻力 D 的作用。$D=C_{\mathrm{d}}\cdot\frac{1}{2}\rho v^2 S$,在标准大气的情况下,$\rho=\rho_0 H(y)$,其中 $H(y)=\mathrm{e}^{-1.059\times10^4(y+h)}$,则子弹运动方程为

$$\dot{V}_x=-\frac{1}{2m}\rho_0 SC_{\mathrm{d}}\mathrm{e}^{-1.059\times10^4(y+h)}\cdot V\cdot V_x \tag{5.60a}$$

$$\dot{V}_y=\frac{1}{2m}\rho_0 SC_{\mathrm{d}}\mathrm{e}^{-1.059\times10^4(y+h)}\cdot V\cdot V_y-g \tag{5.60b}$$

$$\dot{V}_z=-\frac{1}{2m}\rho_0 SC_{\mathrm{d}}\mathrm{e}^{-1.059\times10^4(y+h)}\cdot V\cdot V_z \tag{5.60c}$$

式中,m 为子弹质量,g 为重力加速度。

4. 效能计算结果

假设计算条件为:$n=43$,$d=0.03$ m,$m=0.2$ kg,$C_{\mathrm{d}}=1.24$,$V_{\mathrm{H}}=200$ m/s,$V_{\mathrm{d}}=100$ m/s,$\theta=\frac{\pi}{4}$,$\omega_{\mathrm{H}}=50$ rad/s,$h=500$ m。计算结果如表 5.1 所列。

表 5.1　子弹数为 43 时对各坦克队形的攻击效能

坦克队形	前三角	纵队	横队	楔形队
攻击效能	1.0	2.0	1.1	1.8

其他参数不变,当子弹数 $n=91$ 时候,计算结果如表 5.2 所列。

表 5.2　子弹数为 91 时对各坦克队形的攻击效能

坦克队形	前三角	纵队	横队	楔形队
攻击效能	2.9	2.7	2.4	2.7

结果表明，直升机装备子母弹对地攻击效能与子母弹子弹数目、机动目标坦克行进队形、子弹散布规律以及散布面积均有密切关系。

5.5.2 直升机装备火箭武器对地攻击效能分析

直升机对地攻击方式一般分为俯冲、悬停、跃升和水平攻击四种。直升机机载武器实施对地攻击时，攻击方式的选择至关重要，它涉及作战任务能否顺利完成和直升机战场生存力的大小。正确选择攻击方式需要综合考虑作战任务、战场环境和直升机自身状况等因素，对各种因素进行权衡比较，然后分别计算各种攻击方式的作战效能。当作战条件比较复杂的时候，仅仅靠飞行员来判断采用何种攻击方式，很难得到科学有效的结论。因此常借助层次分析法，在战场模型的基础上，确定出各种作战条件模块的加权系数和效能系数，最终计算出攻击方式的作战效能。

(1) 考虑的战场模型包括

① 目标性质：包括集群部队、炮兵阵地、油库、停机坪。

② 作战目的：包括压制(对目标的毁伤百分数平均为 25%)和歼灭(对目标的毁伤百分数平均为 50%)。

③ 火力威胁：包括强(地面部署有防空导弹)、中(地面部署高炮或高射机枪)、弱(地面仅部署轻武器)。

④ 地形情况：包括山地、平原、丛林。

⑤ 余弹数量：包括多(直升机剩余火箭弹在 80%以上)、中(剩余火箭弹在 30%～80%之间)、低(剩余火箭弹在 30%以下)。

(2) 定各模块的加权系数

首先要建立判断矩阵，其形式如表 5.3 所列。表中第一列的 $B_1,B_2,\cdots,B_n$ 表示决策目标 E 的下一层各元素，对直升机对地攻击来说，E 指综合作战效能。$B_1,B_2,\cdots,B_n$ 指目标性质、作战目的、火力威胁、地面情况和余弹数量等各模块单项效能。建立判断矩阵时，将第一列的 B_1 分别与第一行的 $B_1,B_2,\cdots,B_n$ 做两两比较，再将第一列的 B_2 分别与第一行的 $B_1,B_2,\cdots,B_n$ 做两两比较。每次 B_i 与 B_j 做两两比较时，根据二者重要性的不同，在矩阵中相应位置填写标度值 C_{ij}。若 B_i 与 B_j 同等重要，则 C_{ij} 为 1；若 B_i 稍微重要，则为 3；若 B_i 明显重要，则为 5；若 B_i 特别重要，则为 7；B_i 极端重要，则为 9。若介于二者之间，则可以视情况而定取标度值；反之，若 B_i 与 B_j 相比不如后者重要时，C_{ij} 相应的取 1/3，1/5，1/7 和 1/9。

在本节中建立了俯冲、悬停、跃升和水平四种对地攻击方式的判断矩阵，分别如表 5.4、5.5、5.6、5.7 所列。其中，E_1、E_2、E_3、E_4 分别代表俯冲、悬停、跃升和水平攻击的作战效能，B_1 表示目标性质、B_2 表示作战目的、B_3 表示火力威胁、B_4 表示地形情况、B_5 表示余弹数量。

表 5.3　判断矩阵结构

E	B_1	B_2	…	B_j	…	B_n
B_1	C_{11}	C_{12}	…	…	…	C_{1n}
B_2	C_{21}	C_{22}	…		…	…
…	…	…	…	…	…	…
B_i	…	…	…	C_{ij}	…	…
…	…	…	…	…	…	…
B_n	C_{n1}	…	…	…	…	C_{nn}

表 5.4　俯冲攻击判断矩阵

E_1	B_1	B_2	B_3	B_4	B_5
B_1	1	1	1/2	4	7
B_2	1	1	1/2	4	7
B_3	2	2	1	2	3
B_4	1/4	1/4	1/2	1	2
B_5	1/7	1/7	1/3	1/2	1

表 5.5　悬停攻击判断矩阵

E_2	B_1	B_2	B_3	B_4	B_5
B_1	1	2	1/3	1	3
B_2	1/2	1	1/5	1/2	2
B_3	3	5	1	2	9
B_4	1	2	1/2	1	2
B_5	1/3	1/2	1/9	1/3	1

表 5.6　跃升攻击判断矩阵

E_3	B_1	B_2	B_3	B_4	B_5
B_1	1	1	2	2	5
B_2	1	1	2	2	4
B_3	1/2	1/2	1	1	2
B_4	1/2	1/2	1	1	3
B_5	1/5	1/4	1/2	1/3	1

表 5.7　水平攻击判断矩阵

E_4	B_1	B_2	B_3	B_4	B_5
B_1	1	2	2	1	5
B_2	1/2	1	3	1/2	3
B_3	1/2	1/3	1	1/3	2
B_4	1	2	3	1	6
B_5	1/5	1/3	1/2	1/6	1

加权系数的计算步骤如下：

① 计算矩阵各行各元素的连乘积 M_i，即

$$M_i = \prod_{j=1}^{n} C_{ij}\,, \qquad (i = 1,2,\cdots,n) \tag{5.61}$$

M_i 代表各作战条件模块的相对重要性，上述各种攻击判断矩阵各行各元素连乘积如表 5.8 所列。

表 5.8　各矩阵各行各元素的连乘积

对地攻击方式	M_1	M_2	M_3	M_4	M_5
俯冲攻击矩阵	14	14	24	1/16	1/294
悬停攻击矩阵	2	1/10	270	2	1/108
跃升攻击矩阵	20	16	1/2	3/4	1/120
水平攻击矩阵	20	9/4	1/9	36	1/180

② 计算各连乘积 M_i 的 n 次方根 R_i，如表 5.9 所列。

表 5.9　各矩阵各行各元素的连乘积 M_i 的 n 次方根 R_i

对地攻击方式	R_1	R_2	R_3	R_4	R_5
俯冲攻击矩阵	1.695 2	1.695 2	1.888 2	0.574 3	0.320 8
悬停攻击矩阵	1.148 7	0.631 0	3.063 9	1.148 7	0.392 0
跃升攻击矩阵	1.820 6	1.741 1	0.870 6	0.944 1	0.383 9
水平攻击矩阵	1.820 6	1.176 1	0.644 4	2.047 7	0.354 0

③ 计算各加权系数 W_i

$$W_i = \frac{R_i}{\sum_{i=1}^{n} R_i}\,, \qquad (i = 1,2,\cdots,n) \tag{5.62}$$

加权系数 W_i 代表各模块相对于整体作战效能重要性的相对值，经计算，得出各 W_i 如表 5.10 所列。

表 5.10　各矩阵各模块加权系数

对地攻击方式	W_1	W_2	W_3	W_4	W_5
俯冲攻击矩阵	27.46%	27.46%	30.59%	9.39%	5.19%
悬停攻击矩阵	17.99%	9.88%	47.99%	17.99%	6.15%
跃升攻击矩阵	31.61%	30.23%	15.11%	16.39%	6.66%
水平攻击矩阵	30.13%	19.46%	10.66%	33.89%	5.86%

通过两两比较建立的矩阵应该具有较好的一致性，即在每次作两两比较时，前后的判断是一致的。通过一致性检验，检验结果在允许范围内，则认为判断矩阵基本上是一致的，否则就要对矩阵进行调整，使之具有较好的一致性。一致性检验的一般步骤如下：

① 求判断矩阵的最大特征根 $\lambda_{\max}$：如果判断矩阵以 A 表示，由各加权系数构成的特征向量以 W 表示，则

$$\lambda_{\max} = \sum_{i=1}^{n} \frac{(AW)_i}{nW_i} \tag{5.63}$$

AW 是 A 和 W 之间的矩阵乘积，$(AW)_i$ 表示 AW 的第 i 个元素，以俯冲攻击矩阵为例，其最大特征根 $\lambda_{\max}$ 为

$$\lambda_{\max} = \sum_{i=1}^{5} \frac{(AW)_i}{5W_i} = 5.357\,0$$

② 求层次单排序的一致性指标 $C.I$ 为

$$C.I = \frac{\lambda_{\max} - n}{n-1} \tag{5.64}$$

俯冲攻击矩阵的 $C.I = 0.089\,26$。

③ 求平均随机一致性 $R.I$

$R.I$ 是多次（大于 500 次）重复进行随机判断矩阵特征值的计算后取算术平均值得到的，可从表 5.11 查得 $R.I$ 值。

表 5.11　*R.I* 值与模块数的关系

n	3	4	5	6	7	8	9	10
$R.I$	0.52	0.89	1.12	1.23	1.32	1.41	1.45	1.49

④ 求随机一致性指标 $C.R$ 为

$$C.R = C.I/R.I \tag{5.65}$$

若 C.R 小于 0.1,则认为判断矩阵具有良好的一致性,否则需重新调整矩阵。直升机四种攻击矩阵的 C.R 值如表 5.12 所列,从表中可以看出,俯冲、悬停、跃升和水平攻击矩阵均具有较好的一致性。

表 5.12　各攻击矩阵随机一致性 C.R 值

攻击矩阵	俯冲攻击矩阵	悬停攻击矩阵	跃升攻击矩阵	水平攻击矩阵
C.R	0.079 7	0.014 8	0.004 1	0.022 2

(3) 确定模块的效能系数

在讨论攻击方式的作战效能的时候,仅仅知道各作战条件模块的加权系数是不够的,还需要确定各模块的效能系数(效能指标值),各个模块加权系数与对应的效能系数的乘积之和才是攻击方式的作战效能。效能系数的确定方式是多种多样的,对于一些量化的指标(如导航精度、射击精度),可以直接计算单项效能系数;而对于一些模块,需要再用层次分析综合各个方面的因素考虑;更多的情况下,只能按取相对值方法来进行估算。

根据直升机火箭武器对地攻击的实际情况,运用取相对值的方法来获取各个模块效能系数的数值。以俯冲攻击为例:首先将作战条件模块细分为几种典型情况,如将目标性质分为集群部队、炮兵阵地、停机坪和油库等;其次,考虑俯冲攻击方式对这几种目标的杀伤效果,得出俯冲攻击对上述目标的不同效能系数;按照同样的方法,可以确定作战目的、火力威胁、地形情况和余弹数量等模块的效能系数。对于悬停、跃升和水平攻击,按照同样的步骤可以得到各模块的效能系数。

根据各个攻击方式的效能系数和加权系数的乘积,得到攻击方式的作战效能值,根据作战效能值的相对大小来选择最佳攻击方式。

(4) 算　例

假设某型直升机以 230 km/h 的速度巡航,满载 108 发火箭弹,受领任务为对敌后方的炮兵阵地实行压制,敌阵地处于平原地带,部署有防空导弹,防空能力比较强。根据层次分析方法,得出该条件下四种攻击方式的作战效能值,如表 5.13 所列。结果表明,在这种作战条件下,水平攻击是最佳攻击方式。

表 5.13　四种攻击方式的作战效能

攻击方式	俯冲攻击	悬停攻击	跃升攻击	水平攻击
作战效能	0.65	0.30	0.66	0.82

第 6 章 直升机单机空战

6.1 引 言

所谓空战的数学模拟，就是把战况、飞行员的战斗机动决策理论以及以此为基础的飞行运动数学模型化，再用计算机进行计算、分析敌我飞机间的相对关系随时间的变化。

为了使这种方法不须进行特殊试验、分析设备以及必要的人员，需要：

① 由战斗机系统的性能，大略估计其战斗能力；

② 在飞行模拟前，要对飞行模拟战斗要领进行分析；

③ 还要在模拟飞行中模拟敌机。

对这种空战数字仿真的结果，影响最大的是“空战理论”，即“飞行员战斗机动决策理论”。关于固定翼战斗机的空战理论，美国 RAND 公司在 1960 年开发 TACTICS(战术、策略)系列后，又发表了很多理论，其中以下列两种理论差别较大。

(1) 以战斗经验为基础的机械理论(参见图 6.1)

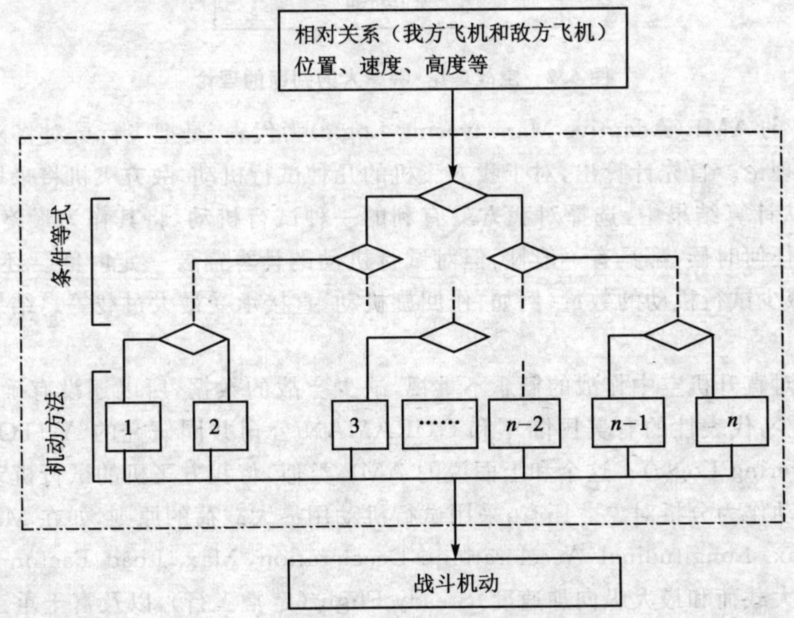

图 6.1 空战理论:以经验为基础的机械理论

以 RAND 公司发表的 TACTICS 中的策略为代表，将飞行员的战斗经验分为几个阶段的条件式替换，从敌我的相对关系中选择一个特定的战斗机动。由于不包含人对将来战况的分析，而只是从现有战况决定所有的机动，所以有时欠缺一般性。但是，由于这种理论简单，仿真后对空战模拟结果分析也比较容易；还有计算机处理阶段参数少，所以计算时间短。

(2) 考虑人的判断时的理论(参见图 6.2)

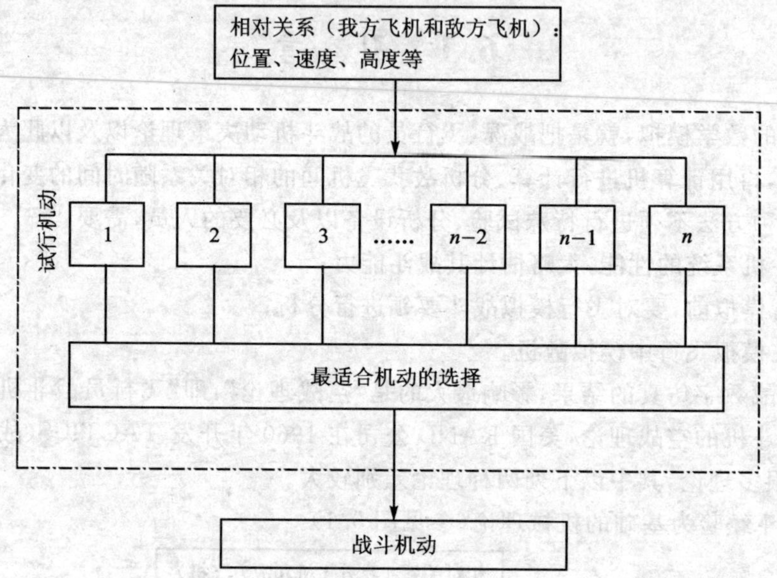

图 6.2　空战理论：考虑人的判断的理论

以 NASA 的 AML(Adaptive Maneuvering Logic)为代表，是把飞行员对将来战况的预测过程模型化的理论。首先计算出，对于我方飞机的几种试行机动，敌方飞机将采取什么样的对应机动；然后从计算结果中，选择对我方最有利的一种试行机动，将其作为最终的战斗机动。这种方法不管任何时候，都具有一般性，但对试行机动的计算需要一定时间。还有，如果为节省计算时间，减少试行机动的数量(例如，作回旋机动，直接承受最大过载等)，结果将会导致战斗机动过大。

由于以往对直升机空中作战的概念不重视，缺少空战的数据，所以还没有确立空战理论。公开的理论很少，代表性的有美国陆军和 GURAMAN 公司共同研究的 AUTOMAN(Automated Maneuvering Logic)。这个和上面说的 AML 类似，将我方飞机的试行机动和敌方飞机采取的对应机动作为分析对象。还有，采用试行机动用最大载荷的原则，如在 Max. Load Factor Turns, Max. Longitudinal Acceleration&Deceleration, Max. Load Factor Pull Up and Push Over(最大载荷和最大纵向加速度)Steady Flight(定常飞行)，以及富士重工业在研究的空战模型 HICOS(Helicopter Integrated Combat Simulation)中，就采取以此为基础的空战理论。

本章叙述的空战模型中使用的 AT(Air-combat Theory)系列空战理论，和上述的 TACTICS 的空战理论相似。在空战的经验不足的条件下，采用这种方式的空战理论，原因是由于仿真后的模拟空战结果分析容易，容易直接运用其他的建议。至于空战经验不足，由下面的流程补充。

① 首先，以固定翼战斗机的 TACTICS 为基础构建空战模型，以其"追尾机动的诱导原理"为主要思想，加入直升机的运动特性，以此构成直升机的基本空战理论。

② 使用将上述空战模型理想化的直升机模型，反复对模型仿真计算，找出战斗机动的临界，修正空战理论。

③ 进而，根据直升机机体模型的性能和运动限制，分析空战模型以及理论的可行性。

将这个空战模型用数字仿真，可以导出以下结论：

① 使用武器如机炮的时候，对空战结果有重大影响的参数有：向前加速度的限制，最大垂直过载以及最大垂直过载最大时所对应的飞行速度(以下简称最大过载速度)。

② 前进方向加速度限制和最大过载速度，在空战距离较大时，对结果有很大影响。由于直升机空战速度和固定翼飞机比较是很小的(几分之一到十分之一)，为了将战斗开始的优势维持到最后，在敌机挽回局势前加速接近，盘旋能力提高，在达到最大过载前减速；还有可以利用 DIVE(俯冲)/CLIMB(爬升)增减速度。

③ 在敌机接近时，为了尽早捕捉到敌机机炮的射击角度，决定最大盘旋能力的最大垂直过载很重要。在速度尚有余量(未达最大)时，一边利用减速，一边利用瞬间的垂直过载，可以提高最大垂直过载。

④ 由于直升机速度小，能够维持"战斗开始的优势到最后"的相对距离是很小的。一般模型的相对距离约 0.3 km，对高性能模型，相对距离约可达到 0.9 km。

一般所说的空战，是从接近敌机，追尾，到机炮、导弹的实际攻击等一连串的状况。但是，本章仅考虑直升机的运动能力对空战的影响，所以本章所说的空战不包括机炮、导弹等的攻击结果以及相应的分析。

6.2　空战模型的构建

6.2.1　机体模型

为了使空战模型对空战理论具有一般性，选取速度差异较大的 2 种直升机作为机体模型。一个是，机体重 4.2 t 的模型。这个模型，在速度 92.6 km/h 下，可以达到最大垂直过载系数 1.9。另外一个模型，速度是前者的 2 倍，机体重 3.6 t，在高度 0.6 km，速度 203.7 km/h 时能达到最大定常垂直过载系数 1.9。

这两种模型的性能，如图 6.3 所示。在图中，横轴为飞行速度，纵轴为过载。图中 4 条曲线，分别表示：最大瞬时垂直过载，最大定常垂直过载，在过载系数 1 下前进加速度和减速度的限制。

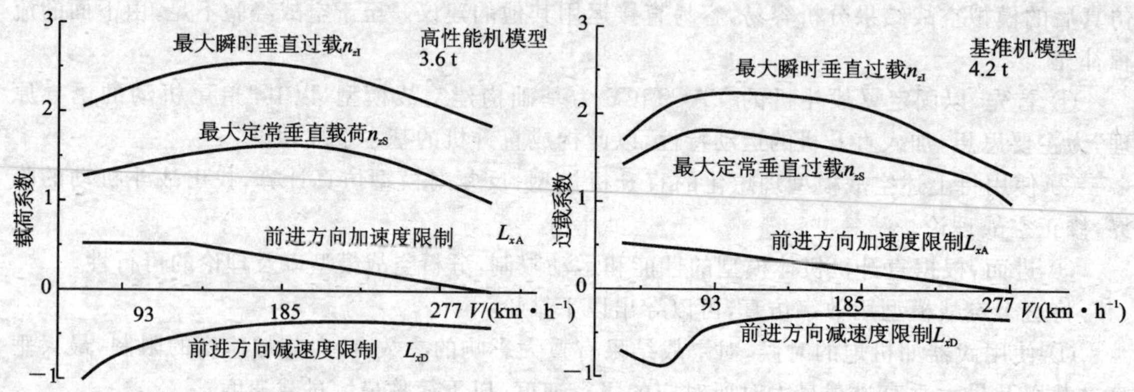

图 6.3 最大过载(高度 0.6 km)

6.2.2 空战模型

本章讨论的空战模型，如图 6.4 所示。

由战斗前提(初始条件设定)、战况分析、空战理论和飞行运动模拟 4 个阶段构成。由计算机进行仿真计算并加入了仿真控制和结果输出。

1. 战斗初始条件的设定

对用于仿真计算的战斗机性能以及初始条件作如下设定：

① 表征机动能力的最大定常垂直过载 n_{zS} 和最大瞬时垂直过载 n_{zI} 以及向前的加速度限制 L_{xA} 和减速度限制 L_{xD}；

② 决定操纵指令大小的航法系数 λ 和表征飞机运动对指令的响应速度的响应时间常数 τ；

③ 使用机炮的有效攻击距离 R_M；

④ 战斗开始时，对战飞机的三维空间位置(地面坐标系)(x,y,z)，速度 V、航迹爬升角 γ、偏航角 ψ。

2. 战况分析

我方飞机和敌方飞机相对的战况评价参数：

(1) 相对距离 R

将我方飞机和敌机间的距离用各自的空间坐标$\{x_A, y_A, z_A\}$和$\{x_T, y_T, z_T\}$表示，即

$$R = \sqrt{(x_T - x_A)^2 + (y_T - y_A)^2 + (z_T - z_A)^2} \tag{6.1}$$

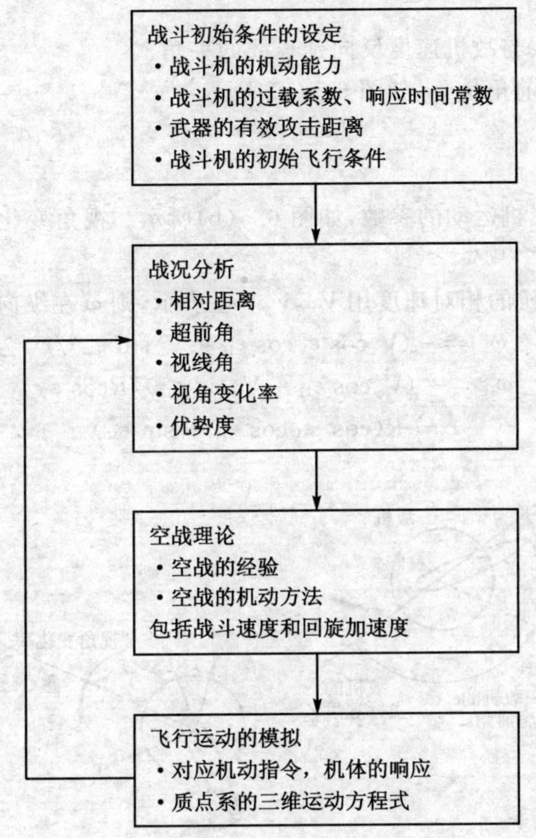

图 6.4　空战理论

(2) 超前角 ε_1

我方飞机的速度矢量与敌我飞机重心连线的夹角如图 6.5(a)所示。

描述我方飞机用航迹坐标系，表述如下：

$$\begin{bmatrix} x_w \\ y_w \\ z_w \end{bmatrix} = H(0,\gamma,\psi) \begin{bmatrix} x_T - x_A \\ y_T - y_A \\ z_T - z_A \end{bmatrix} \tag{6.2}$$

这里的 $H(0,\gamma,\psi)$是由地面坐标系到航迹坐标系的变换矩阵。此时，敌机对我方飞机的纵向以及横向的视线角 ε_V、ε_H(ε_V 和 ε_H 是 ε 的分量)如下：

$$\begin{aligned} \varepsilon_V &= \arctan(-z_w/\sqrt{x_w^2 + y_w^2}) \\ \varepsilon_H &= \arctan(x_w/y_w) \end{aligned} \tag{6.3}$$

则立体角 ε_1 为

$$\varepsilon_1 = \arccos(\cos\varepsilon_V \cos\varepsilon_H) \tag{6.4}$$

(3) 视线角 θ

即敌我飞机重心连线与敌机速度反向延长线的夹角。

对敌机而言,它的超前角是 ε_2,如图 6.5(a)所示。

$$\theta = 180° - \varepsilon_2 \tag{6.5}$$

(4) 视角变化率 ω

表征敌机相对我方飞机运动的参数,如图 6.5(b)所示。视角变化率描述了视线的角度变化率。

在航迹坐标系下,敌机的相对速度用 V_x, V_y, V_z 表示,则 ω 在纵向和横向的分量为

$$\omega_V = -(V_z \cos \varepsilon_V \cos \varepsilon_H + V_x \sin \varepsilon_V)/r \tag{6.6a}$$

$$\omega_H = -(V_y \cos \varepsilon_H - V_x \sin \varepsilon_H)/R\cos \varepsilon_V \tag{6.6b}$$

式中:

$$r = R(\cos^2 \varepsilon_V \cos^2 \varepsilon_H + \sin^2 \varepsilon_V)$$

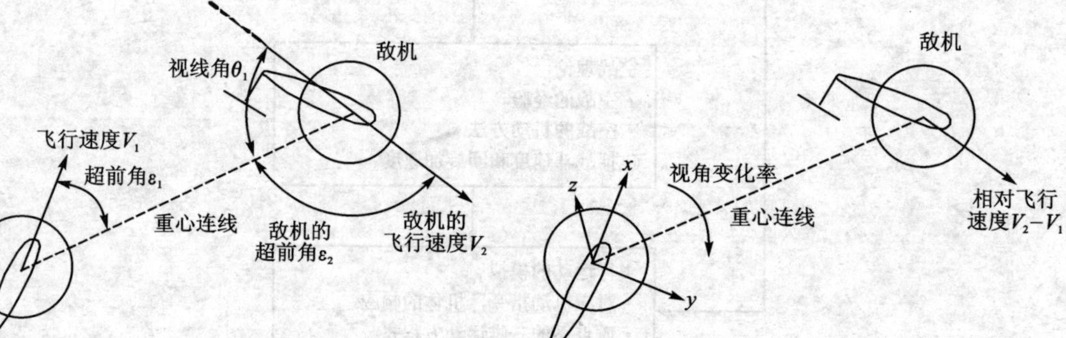

图 6.5 战况分析参数:角速度定义等

(5) 优势度 S

是表征我方飞机对敌机优势的一个参数,定义如下

$$S = 1 - (\varepsilon_1 + \theta_1)/180° \tag{6.7}$$

当我方飞机在敌机正后方时,S=1 是最大值,这时我方优势最大。

敌机的得分参数 S'和 S 的关系为

$$S = -S' \tag{6.8}$$

也就是说, $S=1$ 时, $S'=-1$,在我方飞机处于最大优势时,敌机处于最劣势。

3. 空战理论

本章所述的空战理论和固定翼战斗机空战理论 TACTICS 相似,将前述的评价战况的参数,按照下面的规则,遵循空战经验选择机动方法,输出机动指令。

战斗机动通常是指进攻而不是防御,也就是说,不管条件多么恶劣,都不要考虑脱离战场。

战斗中,需要控制的对象是:飞行速度和为旋转机动的垂直过载。回旋一般不伴有侧滑。但是,由于直升机和固定翼战斗机存在着不同特性,所以必须加以考虑:

① 由于固定翼飞机的机翼升力和发动机推力是独立的,所以可以分别控制垂直加速度和飞行速度;但是,直升机的升力和推力都必须靠旋翼旋转而来,故垂直加速度控制和飞行速度的控制不能独立进行。如图 6.6 所示,垂直加速度变大,则前进加速度值减小,飞行速度的控制能力将受限制。也就是说,对各种战斗局面,必须在垂直加速度控制和飞行速度的控制中抉择。

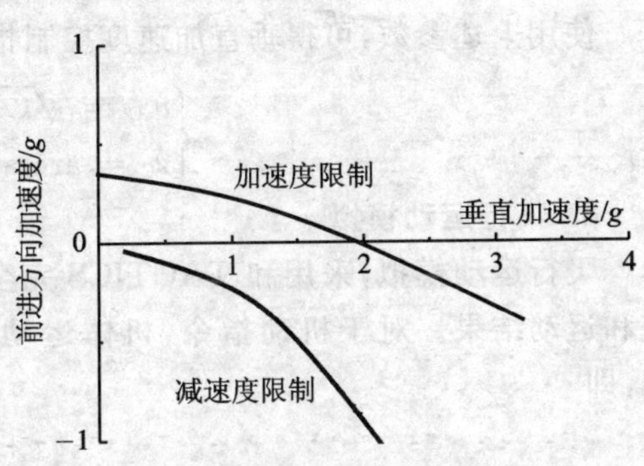

图 6.6　垂直加速度和前进方向加速度的限制

② 在通常战斗机飞行速度(0.7 *Ma* 以上)下,固定翼战斗机的垂直最大过载由飞机本身构造决定,而和飞行速度无关。但是,直升机最大垂直过载在最大速度的 1/3 到 2/3 之间,也就是说,在垂直加速度控制和飞行速度控制中优先考虑一个。

③ 固定翼战斗机的最小回旋半径为 800 m 左右,而直升机则为 30 m 左右。且直升机速度是固定翼飞机的几分之一。虽然说,先发现敌机,我方则具有压倒性优势,但在接近敌机的时候,敌机也可以改变姿态。这些理论的具体内容,将在后面讨论。

(1) 飞行速度

战斗速度,由相对距离 R 和优势度 S 设定。如下述:

① 相对距离大,S 占优的时候。我方飞机取得优势时,在快速接近敌机和攻击敌机方面都是有利的。所以,在可能达到的情况(保证回旋所需要垂直过载的范围)下,采用大的战斗速度。

② 相对距离小,S 占优的时候。若速度过大,则有超越敌机变为被动的危险,而且跟着敌机回旋飞行也很困难。所以采用和敌机相同的速度。

③ S 处于劣势的时候。为尽早扳回劣势状况,必须采用尽可能大的回旋加速度。所以采用最大垂直过载最大的飞行速度。

用战斗速度 V_{cb} 和现在的飞行速度 V 的差值乘以比例系数 K_x,就得到了飞行速度控制下的前进方向减速度指令即

$$n_{xC} = K_x(V_{cb} - V)/g \tag{6.9}$$

这里,g 是重力加速度。

(2) 垂直加速度

对应回旋所需的垂直加速度指令,和 TACTICS 一样,采用比例导航(Proportional Navigation)方式,以“追尾机动的诱导原理”为基础。则,纵横方向的加速度,将超前角和视角变化率乘上航法系数 λ,由下式确定,即

$$\begin{cases} A_{\mathrm{V}} = (\lambda_{1\mathrm{V}}\varepsilon_{\mathrm{V}} + \lambda_{2\mathrm{V}}\omega_{\mathrm{V}})/g \\ A_{\mathrm{H}} = (\lambda_{1\mathrm{H}}\varepsilon_{\mathrm{H}} + \lambda_{2\mathrm{H}}\omega_{\mathrm{H}})/g \end{cases} \tag{6.10}$$

使用上述参数，可得垂直加速度控制指令 n_{ZC} 和滚转角指令 ϕ_{C}，即

$$\begin{cases} n_{z\mathrm{C}} = \sqrt{(A_{\mathrm{V}} + \cos\gamma)^2 + A_{\mathrm{H}}^2} \\ \phi_{\mathrm{C}} = \arctan\{A_{\mathrm{H}}/(A_{\mathrm{V}} + \cos\gamma)\} \end{cases} \tag{6.11}$$

4. 飞行运动模拟

飞行运动模拟，采用和 TACTICS 完全相同的手法，对上述的机动指令，模拟机体运动响应和运动结果。对于机动指令，机体运动的响应，用下式的响应时间常数一次回归系统近似，即

$$\begin{cases} \tau_x \dot{n}_x + n_x = n_{x\mathrm{C}} \\ \tau_z \dot{n}_z + n_z = n_{z\mathrm{C}} \\ \tau_p \dot{\phi} + \phi = \phi_{\mathrm{C}} \end{cases} \tag{6.12}$$

飞行模拟时，作用于质点系的三维运动方程为

$$\begin{cases} \dot{x} = V\cos\gamma\cos\psi \\ \dot{y} = V\cos\gamma\sin\psi \\ \dot{z} = -V\sin\gamma \\ \dot{V} = g(n_x - \sin\gamma) \\ \dot{\gamma} = g(n_z\cos\phi - \cos\gamma)/V \\ \dot{\psi} = gn_z\sin\phi/(V\cos\gamma) \end{cases} \tag{6.13}$$

6.3 空战理论的研究

按图 6.7 所示，空战理论的研究分成 3 个阶段。

(1) 基本理论的建立：AT01～AT02

作为基本的 2 种理论，AT01 优先考虑飞行速度的控制，AT02 优先考虑垂直加速度控制，研究各自的特征。为了更容易对各理论进行研究，建立一个理想的机体模型，将过载分解为飞行速度方向和垂直方向的加速度分量，如图 6.8 所示。

(2) 理论的发展：AT03～AT04

将 AT01 和 AT02 理论的长处组合为 AT03 理论，再使接近敌机时的战斗速度最优化，即为 AT04 理论。

(3) 理论的再发展：AT05～AT07

在理想机体模型的基础上，加上前进方向的加速度限制，生成 AT05 理论。然后，在

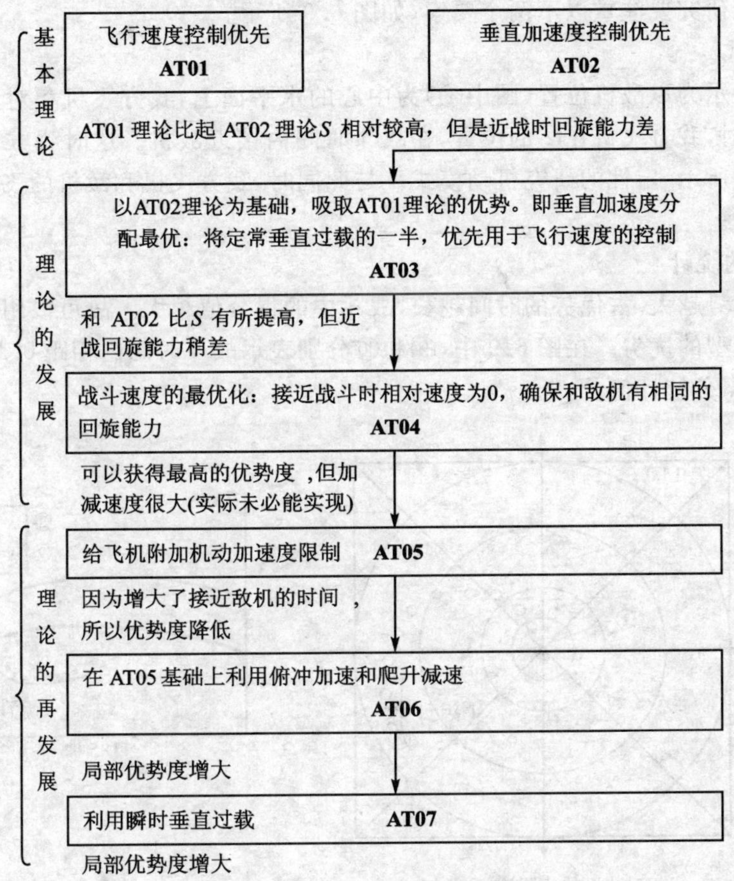

图 6.7　空战理论的研究方法

AT05 基础上，利用俯冲/爬升的效果，进而生成 AT06 理论，研究将瞬时垂直过载用于回旋时的效果，形成 AT07 理论。

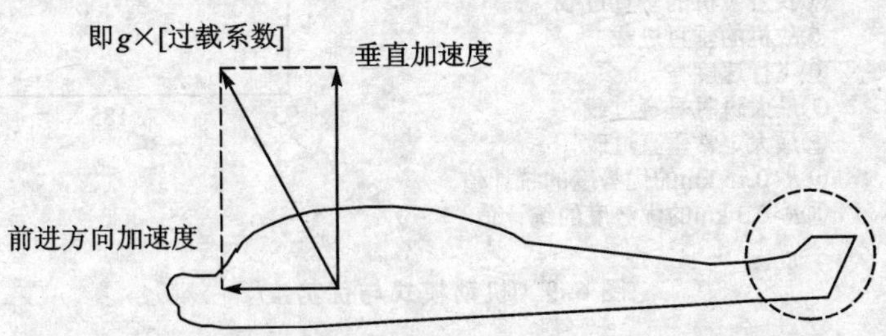

图 6.8　假设：垂直加速度和前进方向加速度是总过载的分加速度

这样的理论研究要注重以下两个要素，如图 6.9 所示。

① 机动模式

如图 6.9 所示为以敌机位置（图中①）为中心的水平面上，我方飞机相对位置的轨迹。就是说：仿真开始时，我方飞机在②的位置，在战斗时间内接近敌机。这时我方飞机的相对位置和机头方位如图所示，定性的研究机动模式。与此同时，我方飞机和敌机的飞行速度和垂直载荷如图 6.9 所示。

② 优势度的统计

我方飞机优势越大，占优势的时间越长，战斗中的得分值越大。故可以用得分的统计值来定量分析机动模型的优劣。在图 6.9 中，⑨和⑩分别表示战斗时间内相距 0.15 km 和 0.3 km 范围内，各自的得分统计值。

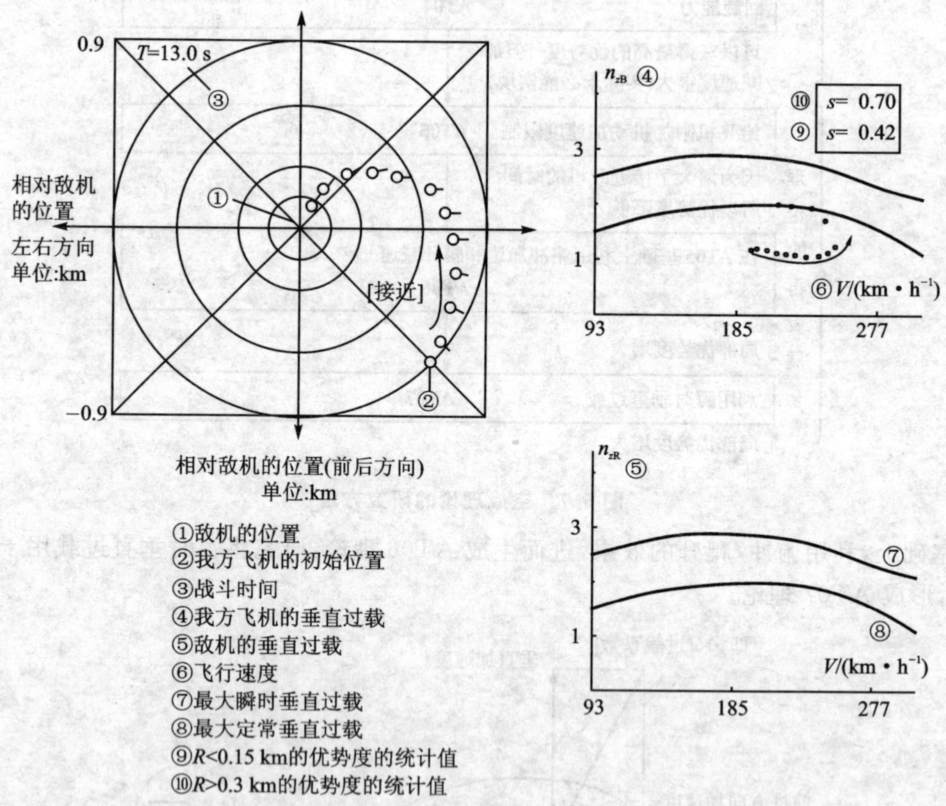

图 6.9 机动模式与优势度

6.3.1 基本理论

如图 6.3 所示，可用的最大定常垂直过载可由飞行速度一并确定。可是，如图 6.8 所示，前进方向加速度和垂直加速度都是由旋翼旋转的气动合力得来，其合加速度不能超过最大定常过载系数×g。也就是说，做大的战斗机动时，为得到所需的飞行速度，前进方向加速度和垂直方向加速度的合加速度不能超过这个限制值。不管先考虑哪一方面的加速度，剩下的一方必然会受到限制，应分别考虑“飞行速度控制优先”和“垂直加速度控制优先”两种理论。

1. 飞行速度控制优先的空战理论：AT01

该理论将飞机加减速到设定的战斗速度，优先考虑速度的控制。这里的战斗速度 V_{cb}，是依照相对距离 R 和机炮的有效射程 R_M 的关系，分成 3 种情况来设定的，如图 6.10(a)。

(1) $R > R_M$

在（我方飞机的最大速度＋敌机速度）/2 和（我方飞机最大速度－27.78 km/h）中，选择较小的速度，并设定为速度 a。

(2) $R < 0.5\,R_M$

速度为：敌机速度＋27.78 km/h，并将其设为速度 c。

(3) $R_M > R > 0.5R_M$

将速度 a 和速度 c 连线，直线对应横坐标 R 的点，即为 R 速度下的战斗速度。

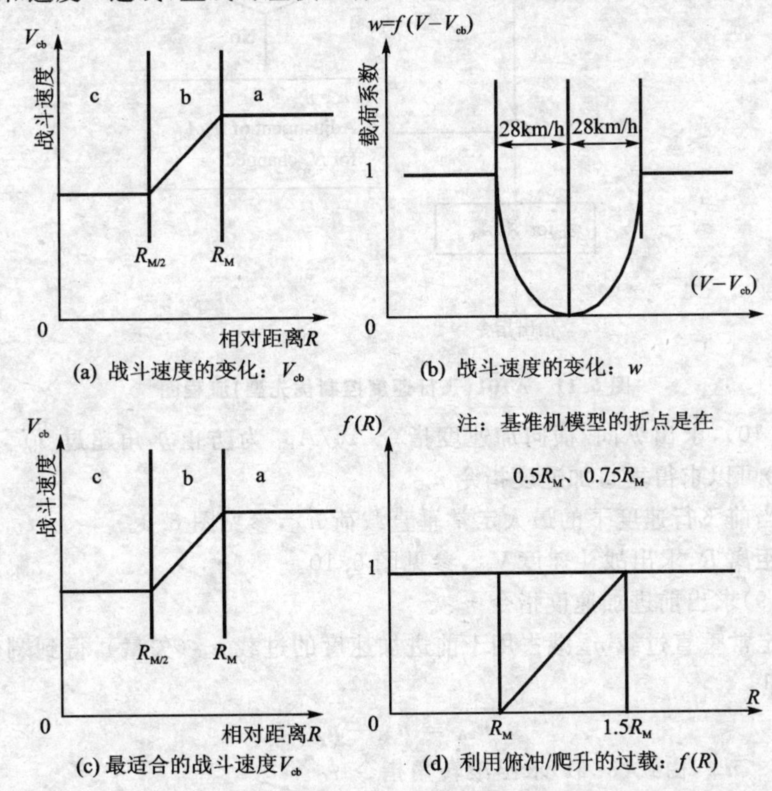

图 6.10　战斗速度的选取

该理论的概要如下，参见图 6.11 的流程图。

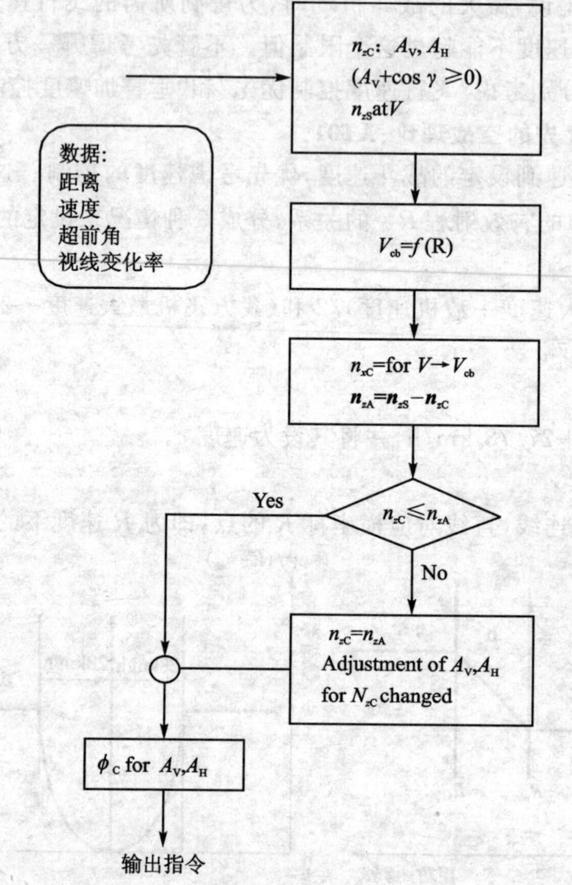

图 6.11　AT01(飞行速度控制优先型)流程图

① 从式(6.10)，求出纵向/横向加速度指令 A_V/A_H，为防止 γ 角超过 90°，设定 A_V 的下限。由式(6.11)可以求得垂直加速度指令 n_{zC}。

② 求出在当前飞行速度下的最大定常垂直载荷 n_{zS}，参见图 6.3。

③ 由相对距离 R，求出战斗速度 V_{cb}，参见图 6.10。

④ 由式(6.9)求出前进加速度指令 n_{xC}。

⑤ 从最大定常垂直过载 n_{zS}减去用于前进加速度的过载 n_{xC}(矢量)，得到剩余后可利用的垂直过载 n_{zA}，即

$$\boldsymbol{n}_{zA} = \boldsymbol{n}_{zS} - \boldsymbol{n}_{xC}$$

⑥ 如果 $n_{zC} < n_{zA}$，由式(6.11)求出滚转角指令 ϕ_C。

如果 $n_{zC} \geqslant n_{zA}$，由下式求出 ξ，求出修正后的 ϕ_C。

$$n_{zA}=\sqrt{(\xi A_V+\cos\gamma)^2+\xi A_H^2}$$

γ 为航迹爬升角。

2. 垂直加速度控制优先的空战理论：AT02

本理论的算法如图 6.12 的流程图。

①～④同 AT01。

⑤ 用最大垂直过载 n_{zS} 减去垂直方向的加速度 n_{zC}，得到可用的垂直过载剩余 n_{zA}，即

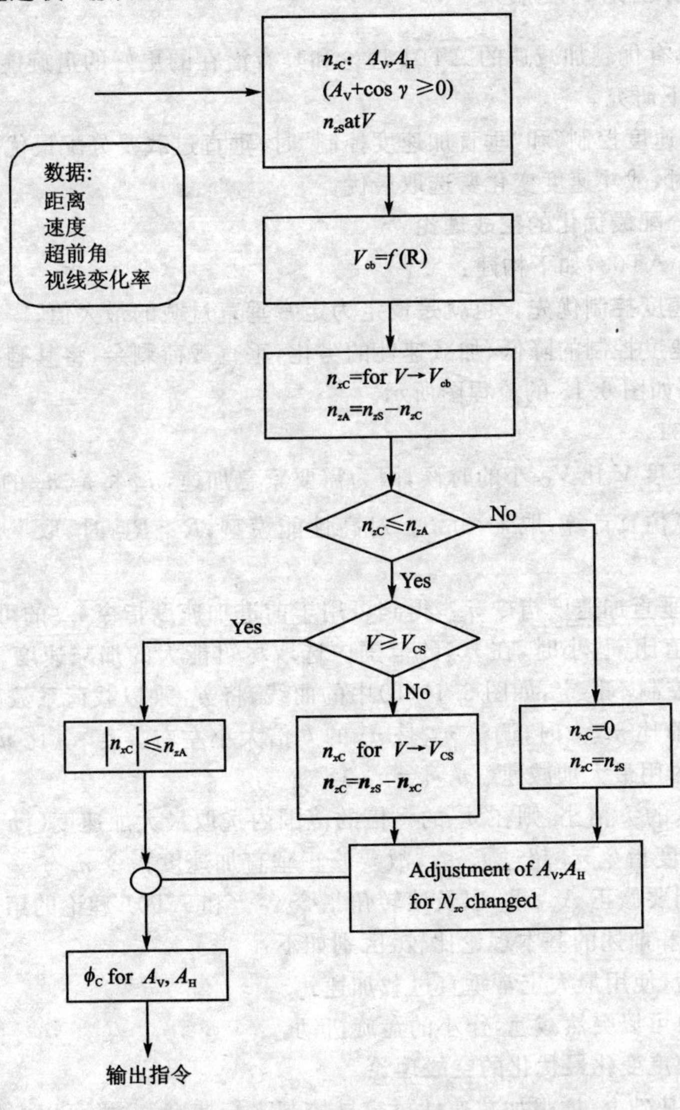

图 6.12　AT02(垂直加速度控制优先型)流程

$$n_{zA} = n_{zS} - n_{zC}$$

⑥ n_{zA}有剩余时，把现在的速度 V 与最大定常垂直载荷对应的速度 V_{cS}进行比较：

$V>V_{CS}$时，前进方向加速度指令 n_{xC}不超过 n_{zA}；

$V<V_{CS}$时，为使战况更加有利，将速度增加到 V_{CS}。增速理论和 AT01 相同。接下来滚转角指令 ϕ_C 的算法也同 AT01。

6.3.2 空战理论的发展

为把前述的具有优越加减速的 AT01 理论和具有潜在的更好的盘旋能力的 AT02 理论的长处活用，进行以下研究。

① 使用“飞行速度控制”和“垂直加速度控制”时，垂直过载要分配最优。

② 接近敌机时，战斗速度变化要选取最优。

1. 垂直过载分配最优化的空战理论

此为空战理论 AT03，如下构建：

① 设定飞行速度控制优先。也就是设定为定常垂直过载的最大值；

② 伴随飞行速度控制的降低、加减速性的劣化，垂直载荷剩余，将其剩余全部利用。

该理论的算法如图 6.13 的流程图所示。

①～④同 AT01。

⑤ 现在飞行速度 V 比 V_{CS}小的时候，因为需要紧急加速，n_{xC}将是 n_{zS}的 k 倍。

（k 值根据反复仿真计算，取 $k=0.5$。对高性能模型，$R>R_M$ 时，取 $[n_{xC}]_{max}=\sqrt{1-0.5^2}\, n_{zS}$）

⑥ 从 n_{zS}减去垂直加速度指令 n_{zC}，得到可用于前进加速度指令 n_{xC}的可用垂直过载 n_{zA}。

⑦ n_{xC}的绝对值比 n_{zA}小时，在 n_{zA}的范围内选取尽可能大的加减速度，即$|n_{xC}|=n_{zA}$。此时，$V=V_{cb}$的速度控制不稳定，如图 6.10(b)中的曲线，将 n_{xC}乘以载荷系数 w。

⑧ n_{xC}的绝对值比 n_{zA}大时，调整 n_{zA}是 n_{zS}的 k 倍大小左右。若 n_{zA}比 n_{zS}的 k 倍大，在 n_{zA}的范围内，尽可能的用最大加减速（$|n_{xC}|=n_{zA}$）。

⑨ 若 n_{zA}比 n_{zS}的 k 倍小，则在 n_{zS}的 k 倍的范围内选取最大加速度（$|n_{xC}|=kn_{zS}$）。这时，由于前进方向加速度指令 n_{xC}超过了 n_{zA}，故要修正垂直加速度指令 n_{zC}。

⑩ 修正 n_{zC}，则要修正 A_V、A_H 以及滚转角指令 ϕ_C。和 AT01 理论的第 6 步是相同的。

该 AT03 理论和前述的基本理论比较，区别如下：

① 战斗开始后，使用最大定常垂直过载加速；

② 接近目标时可以突然减速，作小的盘旋机动。

2. 保证战斗速度变化最优化的空战理论

在 AT03 理论基础上，增强加减速性更容易控制飞行速度，这样可以安排最适合的战斗速度的变化。最适合的战斗速度变化由反复仿真试验设定；修改 AT03 理论（流程的第③阶段

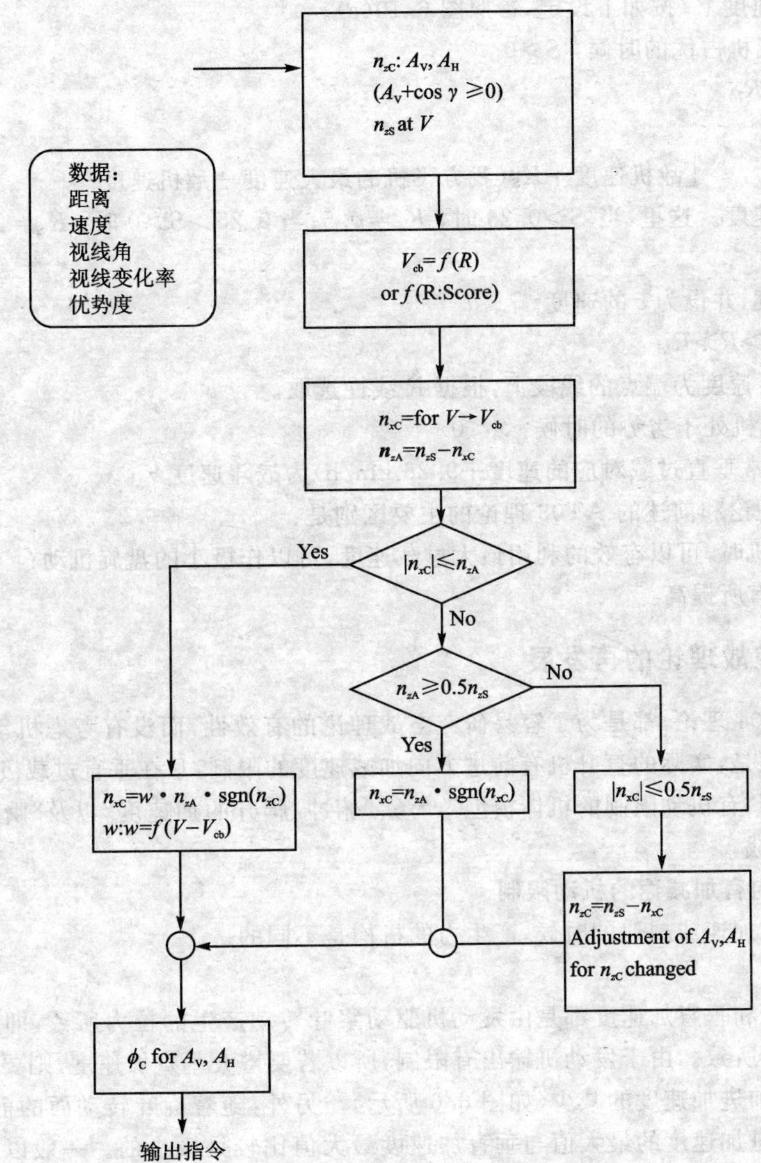

图 6.13　AT03/04 流程图

改变)，就形成了 AT04 理论。见图 6.13。

结果得到的"最适合的战斗速度的变化"有如下特征：

① 战斗速度和相对距离进行比较研究，得到优势度 S。

② 为了在高速领域有效地利用最大定常垂直过载，在接近敌机时减速。

关于战斗速度V_{cb}按如下设定，参照图 6.10(c)。

(1) 我方飞机占优的时候：$S>0$

① $R>1.5R_M$

将

$$[敌机速度+K_S(我方飞机的最大速度-敌机速度)]$$

设为 a 的速度。这里，当 $S>0.25$ 时，$K_S=0.5$；当 $0.25>S>0$ 时，$K_S=2$。

② $R<R_M$

取敌机速度，并设为 c 的速度。

③ $1.5\ R_M>R>R_M$

在以 a 和 c 速度为端点的线段上，根据 R 线性选取。

(2) 我方飞机处于劣势的时候：$S<0$

取(最大定常垂直过载对应的速度+9.26 km/h)为战斗速度 V_{cb}。

该 AT04 理论和前述的 AT03 理论的主要区别是：

① 接近敌机时，可以有效的利用最大过载速度，可以作极小的盘旋机动；

② 优势度有所提高。

6.3.3 空战理论的再发展

一直到 AT04 理论，都是为了容易研究空战理论的有效性，而没有考虑机动限制，即使用了理想模型。但是，实际的直升机有前进方向加减速度的限制，只在垂直过载极小时才可以忽略。本节将采用“有机动限制的机体模型”，考察“俯冲/爬升的加速度”以及“瞬间最大过载的盘旋”等机动空战。

1. 前进方向有加减速的机动限制

直升机向前加速或减速的时候，产生力的机构是不同的。

(1) 加　速

前进加速度和垂直加速度都是由发动机驱动桨叶转动产生的拉力所致，即旋翼桨盘前倾产生拉力的分量所致。由于发动机输出有限制，所以若要增大垂直加速度，则要增大桨叶前倾角，这必然导致前进加速度的减少(如图 6.6 所示)。另外，随着旋叶转动面的前倾，将导致桨叶迎角减小，前进加速度的最大值与垂直加速度最大值比较是极小的。一般以 1 g 水平加速度飞行，前进方向加速度则在 0.5 g 以下。水平加速度的最大值也随飞行速度增加而减小(参照图 6.3)。这样飞行速度增大，就需要增大旋翼的拉力，用于加速的剩余推力减少。

(2) 减　速

向后的加速度也就是减速度，是将旋翼桨盘面后倾得到的。但是，旋翼桨盘后倾，迎角会增加，空气动力将会改变。所以，在发动机转动时，旋翼桨盘后倾，旋翼回转数将会增加。在图 6.3 中，直升机减速度曲线，是在发动机不工作时、飞行速度不低于 55～70 km/h 定义的。将上述加速或减速的装置用算法表示，再组合前述的 AT05 理论，就是 AT06 理论，如图 6.14 所示。

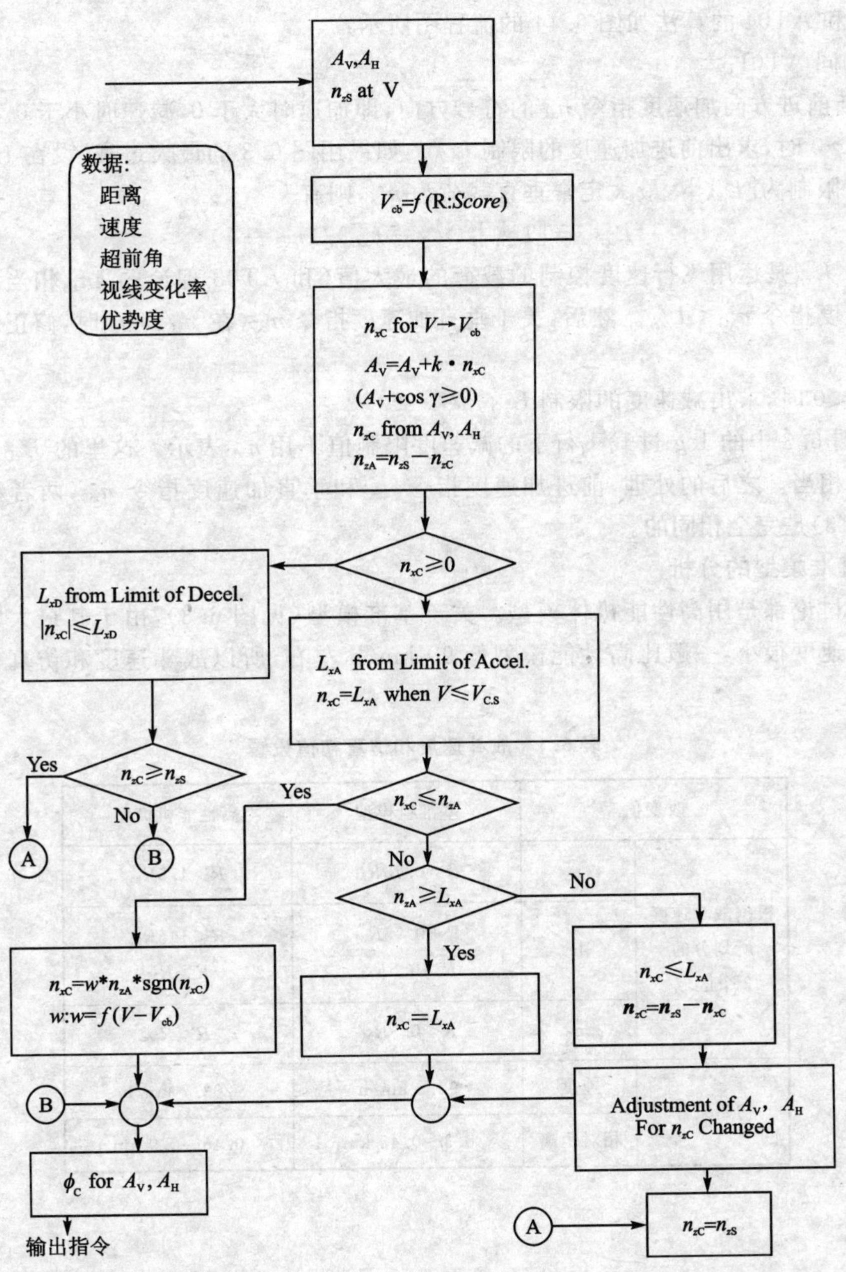

图 6.14　AT05/06 流程图

在图 6.14 中,同时表述了 AT05 和 AT06 理论。在图中第三个框中,$k=0$,就是 AT05 理论。这个理论,要计算出合理的前进加速度指令 n_{xC}后,再处理垂直加速度指令 A_V 和 n_{zC}。AT05 理论和 AT04 的算法如图 6.14 的流程图所示:

①~④同 AT01。

⑤ 判断前进方向加速度指令 n_{xC}的符号方向,即加速时大于 0,减速时小于 0。

⑥ $n_{xC}>0$ 时,求出前进加速度的限制 L_{xA}。如果用图 6.3 的最大过载,设在 1 g 过载飞行中的加速度限制为$[L_{xA}]_1$,最大定常垂直载荷为 n_{zS},则有

$$L_{xA}=[L_{xA}]_1(n_{zS}-n_{zC})/(n_{zS}-1)$$

这里的 L_{xA}是运用飞行速度控制的载荷的最大值(和 AT03 理论的 kn_{zS}相当),即限制前进方向加速度指令 $n_{xC}<L_{xA}$。然后,关于垂直加速度指令 n_{zC},在 $n_{zC}>n_{zS}$时,修正对应的 A_V、A_H,求出 ϕ_C。

⑦ $n_{xC}<0$ 时,求出减速度的限制 L_{xD}。

此时,图 6.3 中的 1 g 过载飞行下的减速度限制值不用 n_{zC}表示。这里的 L_{xD}和 AT03 理论中的 kn_{zS}相当。之后的处理,前进加速度指令 n_{xC}和垂直加速度指令 n_{zC},两者和 AT03/04 理论(图 6.13)是完全相同的。

2. 对基准模型的分析

之前的讨论都是用高性能机体模型。关于基准模型(见图 6.3),由于其最大定常垂直过载最大时的速度很小,一般比高性能模型低 90 km/h 左右,所以战斗速度和仿真初值设置如表 6.1 所列。

表 6.1 战斗速度和仿真初值设置

改变值		基准机模型	高性能机模型
根据战斗速度所划分的3个区域	a	$R>0.75R_M$	$R>1.5R_M$
	b	$R<0.75R_M$ $R>0.5R_M$	$R<1.5R_M$ $R>R_M$
	c	$R<0.5R_M$	$R<R_M$
初始条件	速度	92.6 km/h	203.7 km/h
	相对距离	0.3~0.45 km	0.45~0.9 km

3. 利用俯冲/爬升的的空战理论

固定翼飞机战斗机动，可以利用高度来控制速度，例如爬升减速和俯冲加速。接近敌机的时候，由于速度过大有超过敌机的危险，这时可以采取爬升、反转到敌机后方进行移动攻击的机动；当我方飞机对敌机有位置优势，但速度不足以锁定敌机的时候，可以俯冲以加速，到敌机后方进行移动攻击。

本项空战理论 AT06，即应用上述原理。这个算法附加在 AT05 算法的后面（图 6.14 的框中，$k \neq 0$ 的情况）。

爬升/俯冲，由式(6.10)定义的纵向加速度指令 A_V 控制。由下面的式子可以得到系数 k，再和前进方向加速度指令 n_{xC}乘积，就得到了 A_V。

$$K = a \cdot \lambda_{1V} \cdot f(R)$$

其中，a 取－0.5，λ_{1V}是式(6.10)的航法系数，$f(R)$是由图 6.10(d)根据相对距离 R 设置的过载系数，当 $R < R_M$（对应高性能机体模型）或 $R < 0.5R_M$（基准模型），应该解除爬升/俯冲机动。

4. 利用最大瞬时垂直过载的空战理论

在发动机工作、旋翼桨盘后倾时，其可利用的最大瞬时垂直过载系数比最大定常垂直过载系数多了 0.5～1，可以利用此进行回旋机动研究利用最大瞬时过载的 AT07 空战理论。

由于要获得瞬时垂直过载，需要将旋翼桨盘后倾，则产生前进方向的阻力，所以不能使用在加速的场合。但是，当需要大的回旋加速度，交战双方互相接近，我方飞机又处于劣势时，则没必要加速，所以不会产生战术矛盾。

对于旋翼桨盘的后倾角、减速度和垂直瞬时过载的增量的比例，应该由旋翼桨盘最大后倾角和减速度限制值来确定。此时，瞬时垂直过载 n_{zI}和减速度 n_{xD}，有以下关系

$$n_{zI} = n_{zS} + (n_{zI}^{*} - n_{zS}) \cdot (n_{xD}/L_{xD})$$

这里，n_{zS}、n_{zI}^{*}和 L_{xD}分别是最大定常垂直过载、最大瞬时垂直过载和减速度限制。

将该算法附加到 AT06 算法中，就是 AT07 理论，见图 6.15 的流程图。

附加到 AT06 的部分如下：

当前进加速度指令为“－”时，即要减速，n_{xC}的最大值由 L_{xD}限定。这和 AT06 相同。在应用 AT07 理论时，令 $n_{xD} = -n_{xC}$，求出 n_{zI}；进而，当 $n_{xC} > n_{zI}$时，看成 $n_{xC} = n_{zI}$，对纵横加速度指令 A_V 和 A_H 进行修正。

当 n_{xC}为正时，即要加速时，由于不能使用瞬间垂直过载，所以和 AT05 理论是完全一样的。

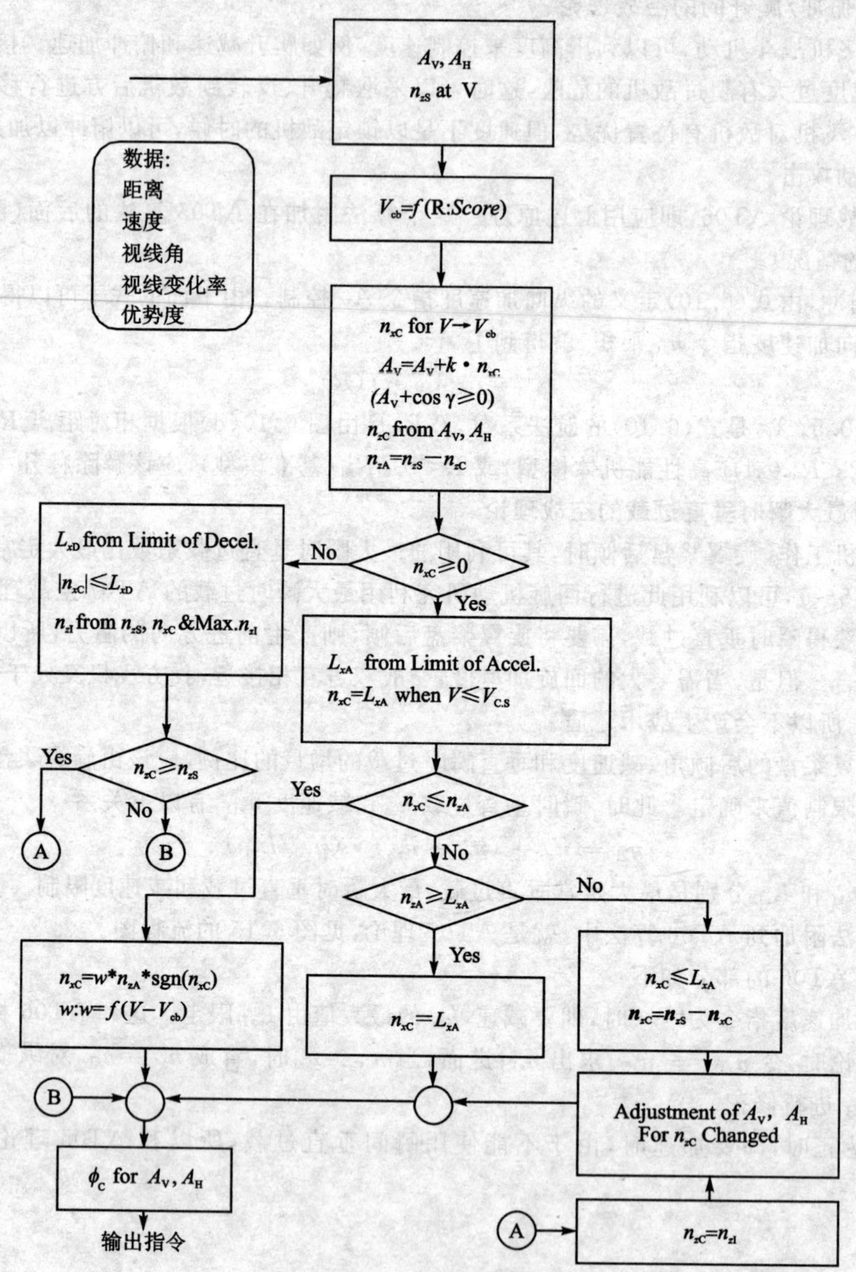

图 6.15 AT07 流程图

6.4　结　语

① 武器中，使用机炮时，对空战结果影响很大的运动参数有：前进加速度、减速度，最大垂直过载以及最大定常垂直过载对应的最大飞行速度（又称为最大过载速度），参照图 6.3。

② 前进方向加、减速度的限制和最大载荷速度，在我方飞机和敌机相对距离较大时，对空战结果影响很大。由于直升机的战斗速度和固定翼飞机比起来很小（大概是几分之一到十分之一），要把战斗开始的优势（例如我方飞机开始时在敌机后方）保持到最后，就要在敌机采取回避机动挽回局势前，突然加速接近，接下来在达到盘旋能力较大的最大过载速度前，突然减速。

③ 另外，俯冲/爬升运动对加、减速也有一定程度的影响。但，此时由于俯冲/爬升导致机体姿态改变，会导致超前角增大。

④ 接近敌机时，决定最大盘旋能力的最大垂直过载的大小，决定着结果。由于我方飞机和敌机此时都能捕捉到对方机炮的射击角度，所以保持最大的盘旋能力是必要的。如果此时速度有余量，在减速的同时利用瞬时过载可以增强盘旋能力。另外，利用瞬时垂直过载，对回避机动也是有利的。

⑤ 由于直升机的战斗速度小，所以能把战斗开始的优势维持到最后的初始相对距离是极小的。在战斗速度较高（最大过载速度约 200 km/h）的高性能机体模型，当初始相对距离 0.9 km时，即使超前角为 0°（敌机在本机机头的方向）、视线角为 90°（在敌机的侧方），也可能失去优势。对最大过载速度是 92.6 km/h 左右的基准机模型，能确定优劣的初始相对距离是 0.3 km 左右。

第7章　直升机作战区域与环境模拟

7.1　概　述

德国陆军在陆军航空机动性概述中对护航/歼击直升机提出了要求。对于这类歼击直升机,有许多要求须加以研究和确定,其中对空战的要求尤其重要。相对于固定翼喷气歼击机的空战问题而言,歼击机—直升机和直升机—直升机之间的空战研究还是一个新问题。

MBB公司曾经尝试将固定翼飞机的空战经验和研究方法应用到歼击直升机的空战研究中,其计算机模拟结果表明,直升机空战特性和喷气式歼击机的空战特性有类似之处。这些分析结果将用来确定歼击直升机的设计要求。研究的目标是弄清空战中直升机机动飞行的特点,确定先进歼击直升机的性能设计准则,也包括用于反武装直升机的固定翼歼击机的设计准则。

7.2　战斗环境模拟及空战原理

7.2.1　战斗环境模拟

对空战模拟模型而言,其武器系统的任务是当自己处于危险时攻击和杀伤敌方,因此引入两个不同目标:

① 进攻时使瞄准敌方的离轴角减到最小,并且近距进入火力区;

② 防御时候采用增大敌方的偏轴瞄准角或者射击距离的方法,使敌方的射击可能性减到最小。

但是,上述总体决策并不意味着机动飞行动作的完成,事实上,机动飞行动作的完成形式和时间是由闭环控制的。

战斗环境模拟模型如图7.1所示。

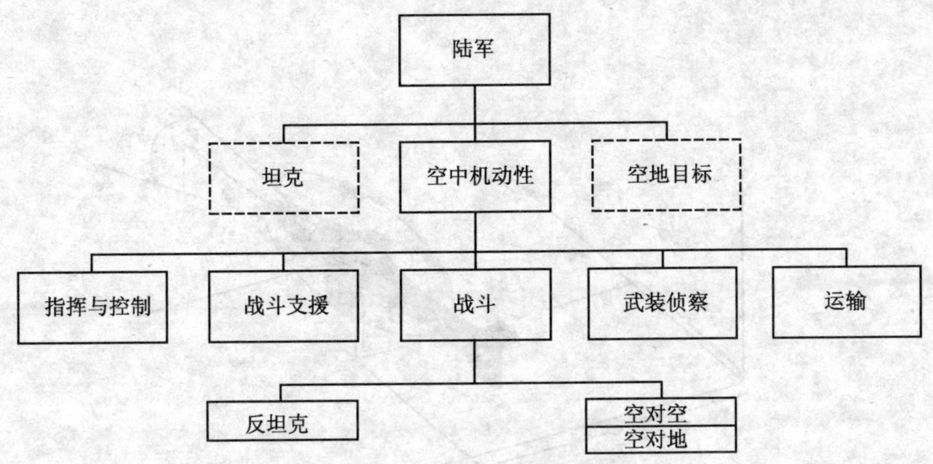

图 7.1　战斗环境模拟

7.2.2　空战原理

空战可以看成是一个博弈问题。在给定的一组限制条件(飞机和武器的性能,作战任务等等)和给定的初始状态下,敌对双方都尽力使杀伤对方的机会达到最大,同时使得自己受到毁伤的机会降低到最小。双方都应用一定的战术,即采用飞机机动动作和部署合适的武器,在任何给定的初始状态和环境条件下,为了达到毁伤敌人的目的,使机载武器系统性能发挥最大优势。

7.3　直升机一对一空战运动的数字仿真基础

7.3.1　运动方程

本节描述空战模拟中红蓝两机采用的运动方程。

推导中使用的坐标系定义和机动动作示意图如图 7.2 所示。由于大部分的直升机在机动速度下完成协调转弯,因此,这一假定也适用于空战。

$$\dot{x} = V\cos\gamma\cos\psi \qquad \dot{y} = V\sin\gamma \qquad \dot{z} = V\cos\gamma\sin\psi$$

$$\dot{V} = g(n_x - \sin\gamma) \qquad \dot{\gamma} = \frac{g}{V}(n_y\cos\phi - \cos\gamma) \qquad \dot{\psi} = \frac{gn_y\sin\phi}{V\cos\gamma}$$

在运动学方程中,控制量是纵向过载因子 n_x、垂向过载因子 n_y 和滚转角 ϕ。这些变量的控制指令值分别为 n_{xC},n_{yC},ϕ_C。通过这些指令来完成对直升机的控制。本节中,直升机对操纵的响应采用下列式子来模拟,即

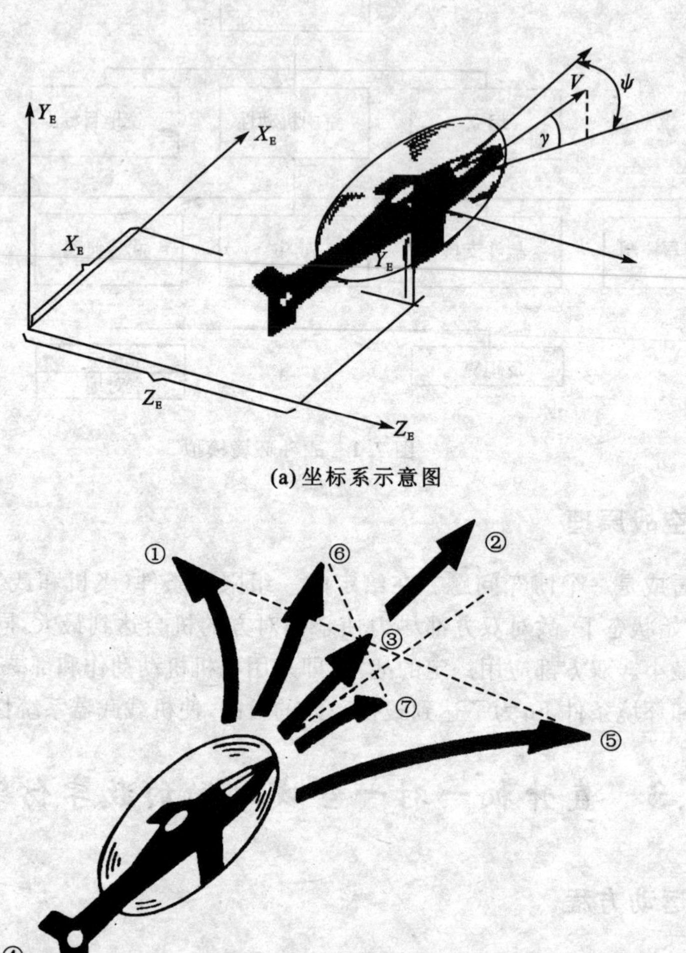

(a) 坐标系示意图

① ，⑤ :最大过载转弯

② :最大过载直线加速

③ :定常飞行

④ :最大过载减速

⑥ :最大过载爬升

⑦ :最大过载下降

(b) 机动动作示意图

图 7.2 机动示意图

$$\dot{n}_x = \frac{n_{xC} - n_x}{\tau_{nx}};\dot{n}_y = \frac{n_{yC} - n_y}{\tau_{ny}} \tag{7.1}$$

和

$$\dot{\phi} = \frac{\phi_C - \phi}{\tau_\phi} \tag{7.2}$$

式中，τ_{nx}、τ_{ny} 和 τ_ϕ 是时间常数，由具体的直升机的性能决定。控制指令的限制值由直升机的性能极限来给定。运动学方程和等式(7.1)、(7.2)可采用四阶龙格－库塔方法来进行数值求解。

7.3.2　对策模块

机动动作的选择方法主要采用博弈论。选择新的机动动作的最小时间间隔取决于所采用的计算机的速度。同时机动动作间的过渡应平滑，以符合实际的情况。本模块采用的机动动作库由 7 种飞行动作组成，如图 7.2 所示。

7 种飞行动作分别为最大过载左转弯、最大过载右转弯、最大过载直线加速、定常飞行、最大过载减速、最大过载爬升和最大过载下降。该动作库可随需要进行扩充，以满足更广泛的要求。这一模块的核心是前向预估过程，它通过在特定时间内计算红蓝两机 7 种机动动作所能达到的优势度来选择下一步应采用的机动动作。计算的结果形成了一个 7×7 矩阵，总共 49 个优势度值。优势度的计算式为

$$S = S_A + S_R \tag{7.3}$$

式中，S_A 为角度优势度，S_R 为距离优势度。在当前情况下，式(7.3)已足够使用，更复杂的优势度表达式还有待研究。在优势度矩阵中，选择机动的方法是选择那些能使本机的优势度得到确实提高的机动，简单地说，就是最小值中取最大值。

S_A 随同蓝机立体角 ε_B 和视线角 θ_B 的增大而提高(见图 7.2、图 7.3)。因此，S_A 在红机位于蓝机尾部时取得最大值＋1；而在蓝机位于红机尾部时取得最小值－1。S_R 总为正值，其值随两机相对距离的变小而增大。通常，在两机相距较远时 S_R 起主要作用，在两机近距格斗占位时 S_A 起主要作用。

7.3.3　跟踪模块

一旦红机机动到可以发射导弹或者航炮开炮的有利位置时，机动动作的选择就要从对策模块中跳出，以寻求更为精确的机动模式，从而保持有利的跟踪状态。要保持跟踪状态，可采用导引率和渐进机动来实现，它们能比对策模块更好的实现跟踪模式。

当蓝机位于红机的跟踪锥内，并且到蓝机的 LOS(Line of sight；视线)没有遮挡时，红机进入跟踪模式。此外，红机要进入跟踪模式，还要求不会发生空空或空地碰撞。

当 ε_B 小于特定的值(当前取 30°)并且双机的距离 R 小于一个预先给定的值时，蓝机被认为位于红机的跟踪锥内。

(1) 导引率

导引率的指令用于定位红机相对目标的方位并达到预期的距离和速度。

定位:滚转角度指令 ϕ_C 和定常过载因子指令 n_{yC} 用于控制直升机达到预期的航迹爬升角 γ_{des} 和航迹偏角 ψ_{des},以及这些角度的变化率。预期的航迹爬升角 γ_{des} 和航迹偏角 ψ_{des} 由下式来求解,即

$$\tan\gamma_{des}=\frac{\Delta y_{des}}{R_{xzdes}};\qquad \tan\psi_{des}=\frac{\Delta z_{des}}{\Delta x_{des}} \tag{7.4}$$

式中,Δx_{des}、Δy_{des} 和 Δz_{des} 是红机到目标机的相对距离在地轴系上的投影;R_{xzdes} 是红机到目标机的相对距离在地轴系 xz 平面上的投影。下面的式子用于求解上述角度的指令值,即

$$\dot{\gamma}_C=C_\gamma(\gamma_{des}-\gamma_R)+\dot{\gamma}_{des} \tag{7.5}$$

$$\dot{\psi}_C=C_\psi(\psi_{des}-\psi_R)+\dot{\psi}_{des} \tag{7.6}$$

式中,下标 R 表示红机,C_γ 和 C_ψ 由定位偏差来确定,$\dot{\gamma}_{des}$ 和 $\dot{\psi}_{des}$ 可通过对式(7.4)求导获得。将式(7.1),(7.2)中最后两个式子的 ϕ、$\dot{\gamma}$、$\dot{\psi}$ 和 n_y 用它们的控制量来替换,可得到要求的控制指令 ϕ_C 和 n_{yC}:

$$\phi_C=\arctan\left(\frac{\dot{\psi}_C V\cos\gamma}{V\cdot\dot{\gamma}_C+g\cos\gamma}\right) \tag{7.7}$$

$$n_{yC}=\frac{\dfrac{V\cdot\dot{\gamma}_C}{g}+\cos\gamma}{\cos\phi_C} \tag{7.8}$$

注意:当上述计算的指令值 n_{yC} 超出了直升机的性能极限时,就应进行修正。

(2) 距离和距离变化率控制

纵向载荷因子指令 n_{xC} 用于控制直升机达到预期的距离和距离变化率。如果 θ_B 小于 θ_{BCLOSE},距离和距离变化率都是可控的。在这一过程中,战斗速度的变化率采用下面的式子来控制,即

$$\begin{aligned}\dot{V}_C&=C_{v1}(R-R_M)+C_{v2}\dot{R}\\ \theta_B&\leqslant\theta_{BCLOSE}\end{aligned} \tag{7.9}$$

式中,R_M 为预期的距离,C_{v1} 和 C_{v2} 分别是距离误差和距离变化率系数。

当 $\theta_B>\theta_{BCLOSE}$ 时,红蓝两机处于对头飞行状态,此时,控制距离是不可能的;但红蓝两机可控制自身的速度,即

$$\begin{aligned}\dot{V}_C&=C_v(V_{des}-V)\\ \theta_B&>\theta_{BCLOSE}\end{aligned} \tag{7.10}$$

用 n_x 和 $\dot{V}$ 的控制量替换它们自身,可得 n_x 的控值指令,即

$$n_{xC}=\frac{\dot{V}_C}{g}+\sin\gamma \tag{7.11}$$

对每一个速度，n_x 和 n_y 的许用值应在 n_x、n_y 平面的包络线内。如果指令 n_{xC}、n_{yC} 落在了该包络线外，则优先保证 n_{yC}，因为定位被认为要比距离和距离变化率更重要。此时，n_{yC} 保持固定，对 n_{xC} 进行修正以使点(n_{xC}，n_{yC})落在包络线内。

7.3.4　开火控制逻辑

开火控制逻辑用于确定发射导弹或者航炮开炮的条件是否满足。在导弹射击程序中，LOS 必须保持无遮挡，两机距离要小于导弹的有效射程。首先，红机要保持蓝机在自身机头前的一个较小的锥体角内一段时间以满足导引头的目标截获要求；然后，红机要保持蓝机在一个更大的锥体角内一段时间以使飞行员完成发射工作。典型的空空导弹发射程序由下列阶段组成：载机对目标机的跟踪状态稳定→空空导弹瞄准过程（该过程是可逆的，大约需要几秒钟）→不可逆准备工作（1～2 s 或略少）→导弹发射。其中，空空导弹的瞄准过程是可逆的，当瞄准程序完成时，目标机已摆脱载机的跟踪，导弹不会发射直到发射条件重新满足。同时，受火控系统的限制，每发导弹的发射是有时间间隔要求的：一般来说，第二发导弹要在第一发导弹击中目标或者脱靶后才能进行发射。

航炮的发射程序与空空导弹的相似，只是导引头的截获时间不存在了，只要满足开火条件就可以执行射击，并且只要开火条件满足，就可以进行持续射击，无时间间隔要求。

7.3.5　公式及说明

符号意义：下标 B(BLUE)——蓝机；下标 R(RED)——红机。

V_B：蓝机速度　　　　V_R：红机速度

$$\left.\begin{aligned}&\dot{X}_{EB}=V_B\cos\theta_{pB}\cos\varphi_{hB},\quad \dot{X}_{ER}=V_R\cos\theta_{pR}\cos\varphi_{hR}\\&\dot{Y}_{EB}=V_B\sin\theta_{pB},\quad \dot{Y}_{ER}=V_R\sin\theta_{pR}\\&\dot{Z}_{EB}=V_B\cos\theta_{pB}\sin(-\varphi_{hB}),\quad \dot{Z}_{ER}=V_R\cos\theta_{pR}\sin(-\varphi_{hR})\end{aligned}\right\} \tag{7.12}$$

(1) 战况评价

距离：

$$R=\sqrt{(X_{ER}-X_{EB})^2+(Y_{ER}-Y_{EB})^2+(Z_{ER}-Z_{EB})^2} \tag{7.13}$$

超前角：

$$\begin{bmatrix}x_{wB}\\y_{wB}\\z_{wB}\end{bmatrix}=\begin{bmatrix}\cos\theta_{pB}\cos\varphi_{hB} & \sin\theta_{pB} & -\cos\theta_{pB}\sin\varphi_{hB}\\-\sin\theta_{pB}\cos\varphi_{hB} & \cos\theta_{pB} & \sin\theta_{pB}\sin\varphi_{hB}\\\sin\varphi_{hB} & 0 & \cos\varphi_{hB}\end{bmatrix}\begin{bmatrix}X_{ER}-X_{EB}\\Y_{ER}-Y_{EB}\\Z_{ER}-Z_{EB}\end{bmatrix}$$

$$\varepsilon_{vB}=\arctan\left(y_{wB}/\sqrt{(-z_{wB})^2+x_{wB}^2}\right)$$

$$\varepsilon_{hB} = \arctan(-z_{wB}/x_{wB})$$

立体角：

$$\varepsilon_B = \arccos^{-1}(\cos\varepsilon_{vB}\cos\varepsilon_{hB}) \tag{7.14}$$

视线角：

$$\theta_B = 180° - \varepsilon_R \tag{7.15}$$

蓝机相对于目标机移动的角速度 ω_B：

$$\left.\begin{aligned}\omega_{BRv} &= \left(v_{BRy}\frac{x_{wB}}{\sqrt{y_{wB}^2+x_{wB}^2}} - v_{BRx}\frac{y_{wB}}{\sqrt{y_{wB}^2+x_{wB}^2}}\right)\Big/\sqrt{y_{wB}^2+x_{wB}^2} = \\ &\quad (v_{BRy}x_{wB} - v_{BRx}y_{wB})/(y_{wB}^2+x_{wB}^2) \\ \omega_{BRh} &= (v_{BRx}\sin\varepsilon_{hB} + v_{BRz}\cos\varepsilon_{hB})\Big/\sqrt{z_{wB}^2+x_{wB}^2} = \\ &\quad (v_{BRx}\sin\varepsilon_{hB} + v_{BRz}\cos\varepsilon_{hB})/R\cos\varepsilon_{vB}\end{aligned}\right\} \tag{7.16}$$

优势度：

$$S_B = 1 - (\varepsilon_B + \theta_B)/180° + S_R$$

式中，S_R 为距离优势度，按下列情况计算，即

当 $R>1\ 500$ m 时，$S_R=R_M/R$；

当 $R<1\ 500$ m 时，$S_R=0$；

其中，R_M 为选用武器的有效射程。

相关的量的定义见图 7.3～图 7.6。

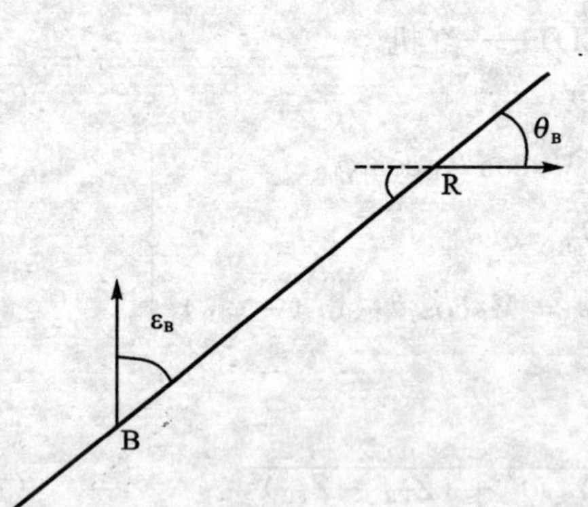

图 7.3　蓝机视线角定义

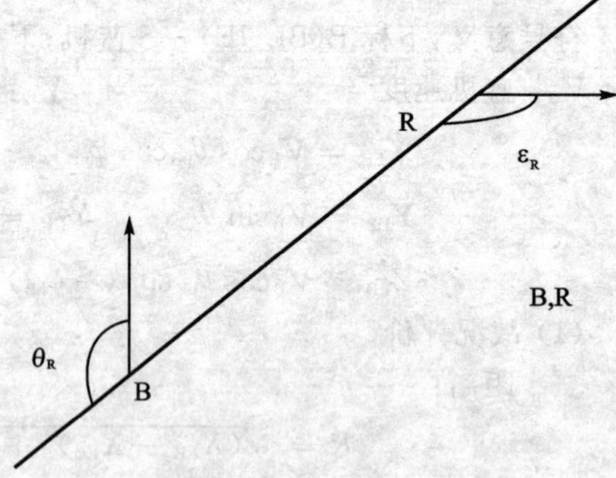

图 7.4　红机视线角定义

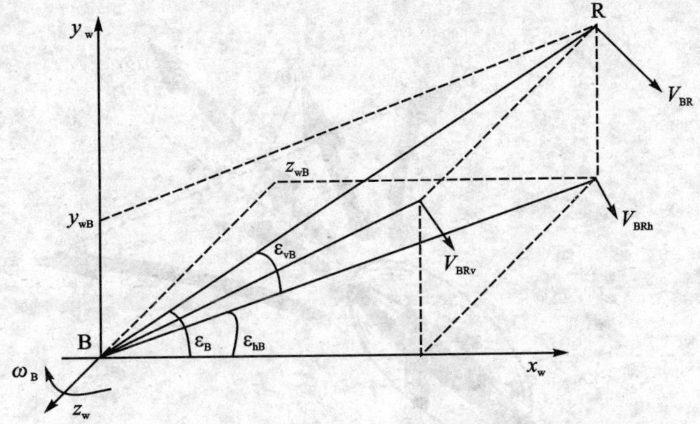

注：ω_B 为轴 BR 的旋转角速度

图 7.5　双机位置关系图

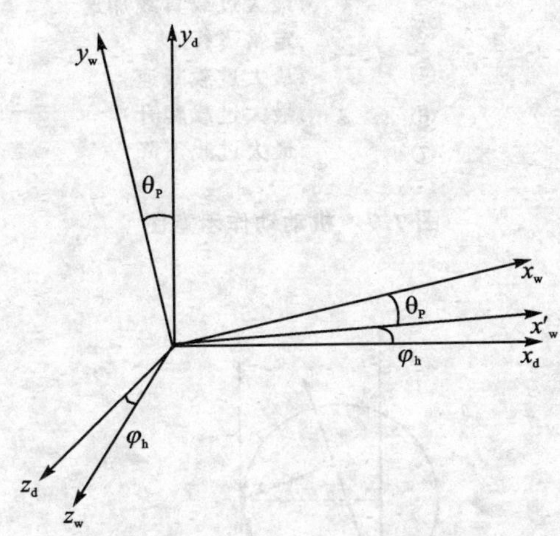

图 7.6　地轴系—航迹坐标系示意图

(2) 运动学方程

直升机的空战机动动作可分解为 7 种基本的机动动作，见图 7.7。

在作了某些假定下，运动仿真的相应的公式假设如下：

1) 左右转弯

$$r = v^2 \cos^2 \theta_p / (g \sqrt{n_T^2 - \cos^2 \theta_p})$$
$$\omega = v/r = g \sqrt{n_T^2 - \cos^2 \theta_p} / (v \cos^2 \theta_p) \tag{7.17}$$

t 时间内的坐标变化为

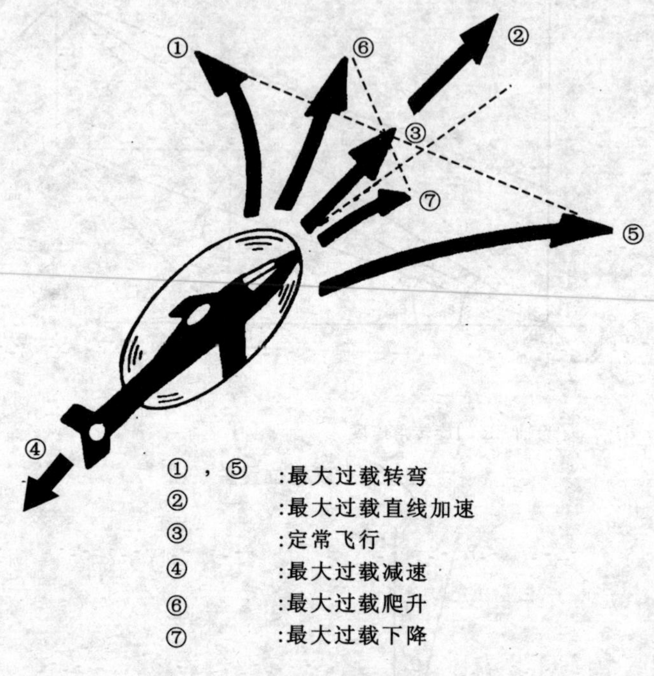

图 7.7 机动动作示意图

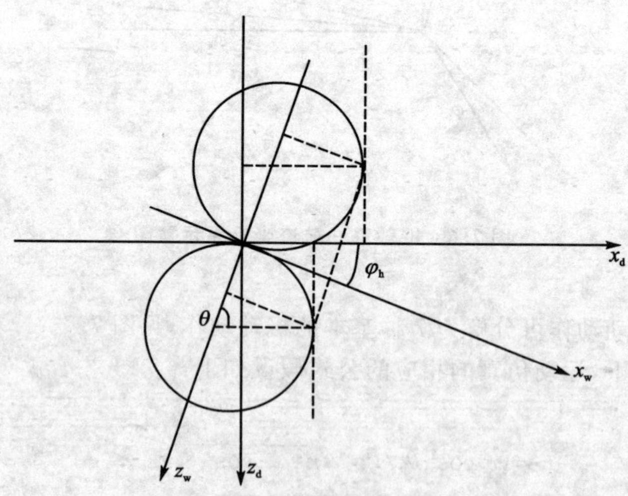

图 7.8

$$\begin{cases}\theta = \omega t \\ x_i = r\sin\theta\cos\varphi_h - (r - r\cos\theta)\sin\varphi_h + x_{i-1} \\ z_i = -(r - r\cos\theta)\cos\varphi_h - r\sin\theta\sin\varphi_h + z_{i-1} \\ \theta_p = \text{const} \\ \varphi_{hi} = \varphi_{h(i-1)} + \theta \end{cases} \tag{7.18}$$

$$r = v^2\cos^2\theta_p / (g\sqrt{n_T^2 - \cos^2\theta_p})$$

$$\omega = v/r = g\sqrt{n_T^2 - \cos^2\theta_p}/(v\cos^2\theta_p) \tag{7.19}$$

t 时间内的坐标变化：

$$\begin{cases}\theta = -\omega t \\ x_i = -r\sin\theta\cos\varphi_h + (r - r\cos\theta)\sin\varphi_h + x_{i-1} \\ z_i = (r - r\cos\theta)\cos\varphi_h + r\sin\theta\sin\varphi_h + z_{i-1} \\ \theta_p = \text{const} \\ \varphi_{hi} = \varphi_{h(i-1)} + \theta \end{cases} \tag{7.20}$$

2）加速

$$\begin{cases} v_i = v_{i-1} + 0.1gt \\ x_i = (vt + 0.05gt^2)\cos\varphi_{h(i-1)} + x_{i-1} \\ y_i = y_{i-1} \\ z_i = -(vt + 0.05gt^2)\sin\varphi_{h(i-1)} + z_{i-1} \\ \theta_p = \text{const} \\ \varphi_{hi} = \varphi_{h(i-1)} \end{cases} \tag{7.21}$$

3）定常飞行

$$\begin{cases} v_i = v_{i-1} \\ x_i = v_{i-1}t\cos\theta_{p(i-1)}\cos\varphi_{h(i-1)} + x_{i-1} \\ y_i = v_{i-1}t\sin\theta_{p(i-1)} + y_{i-1} \\ z_i = -v_{i-1}t\cos\theta_{p(i-1)}\sin\varphi_{h(i-1)} + z_{i-1} \end{cases} \tag{7.22}$$

4）减速

$$\begin{cases} v_i = v_{i-1} - 0.1gt \\ x_i = (vt - 0.05gt^2)\cos\varphi_{h(i-1)} + x_{i-1} \\ y_i = y_{i-1} \\ z_i = -(vt - 0.05gt^2)\sin\varphi_{h(i-1)} + z_{i-1} \\ \theta_p = \text{const} \\ \varphi_{hi} = \varphi_{h(i-1)} \end{cases} \tag{7.23}$$

5）爬升

$$\begin{cases} v_i = v_{i-1} + 0.1gt \\ x_i = (v_{i-1}t + 0.05gt^2)\cos\theta_{p(i-1)}\cos\varphi_{h(i-1)} + x_{i-1} \\ y_i = (v_{i-1}t + 0.05gt^2)\sin\theta_{p(i-1)} + y_{i-1} \\ z_i = -(v_{i-1}t + 0.05gt^2)\cos\theta_{p(i-1)}\sin\varphi_{h(i-1)} + z_{i-1} \\ \theta_{p(i-1)} = \arctan[(y_T - y_A)/\sqrt{(x_T - x_A)^2 + (z_T - z_A)^2}] \end{cases} \tag{7.24}$$

6）下降

$$\begin{cases} v_i = v_{i-1} + 0.1gt \\ x_i = (v_{i-1}t + 0.05gt^2)\cos\theta_{p(i-1)}\cos\varphi_{h(i-1)} + x_{i-1} \\ y_i = (v_{i-1}t + 0.05gt^2)\sin\theta_{p(i-1)} + y_{i-1} \\ z_i = -(v_{i-1}t + 0.05gt^2)\cos\theta_{p(i-1)}\sin\varphi_{h(i-1)} + z_{i-1} \\ \theta_{p(i-1)} = \arctan[(y_T - y_A)/\sqrt{(x_T - x_A)^2 + (z_T - z_A)^2}] \end{cases} \tag{7.25}$$

(3) 作战分析

当红机机动到能够发射导弹或航炮的位置时，机动的选择应该变为跟踪模式，LOS(视线)无遮挡并且蓝机处于红机的跟踪锥内，此外，红机还应避免空空、空地碰撞。

锥体角度定义(对蓝机而言) 为

$$\varepsilon_B < 30° \tag{7.26}$$

距离 R 视选择的武器而定。

碰撞规避：如果转入跟踪模式时的高度低于限制值，则避免进入跟踪模式。

(4) 导引方式

1）定位

$$\tan\theta_{pdes} = \frac{\Delta y_{des}}{R_{xzdes}}, \qquad \tan\varphi_{hdes} = \frac{\Delta z_{des}}{\Delta x_{des}} \tag{7.27}$$

式中，θ_{pdes} 为预期的航迹爬升角，φ_{hdes} 为预期的航迹偏角；

Δy_{des} 为红机到蓝机的垂直高度，R_{xzdes} 为 R 在 xz 平面上的投影，

Δx_{des}，Δz_{des} 为红机相对蓝机的 x_{wB}，z_{wB} 的距离。

$$\begin{aligned} \dot{\theta}_{pC} &= c_{\theta p}(\theta_{pdes} - \theta_B) + \dot{\theta}_{pdes} \\ \dot{\varphi}_{hC} &= c_{\varphi h}(\varphi_{hdes} - \varphi_{hB}) + \dot{\varphi}_{hdes} \end{aligned} \tag{7.28}$$

相应的位置关系见图 7.9。

要求的操纵量为

$$\phi_C = \arctan\left(\frac{\dot{\varphi}_{hC} v_B \cos\theta_{pB}}{v_B\dot{\theta}_C + g\cos\theta_p}\right) \tag{7.29}$$

$$n_{yC}=\left(v_B\frac{\dot{\theta}_{pC}}{g}+\cos\theta_{pB}\right)/\cos\phi_C \tag{7.30}$$

2) 距离控制

如果 $\theta_B<\theta_{BCLOSE}$ (θ_{BCLOSE} 为预先给定的值)，此时有

$$\dot{v}_{CB}=C_{v1}(R-R_{MB})+C_{v2}\dot{R} \tag{7.31}$$

式中，R_{MB} 为预期的蓝机有效攻击距离。

当 $\theta_B>\theta_{BCLOSE}$ 时，蓝机和红机被认为是对头飞行，此时，只有蓝机的速度是可控的，即

$$\dot{v}_{CB}=C_v(v_{des}-v_B) \tag{7.32}$$

则

$$n_{xC}=\frac{\dot{v}_{cB}}{g}+\sin\theta_{pB} \tag{7.33}$$

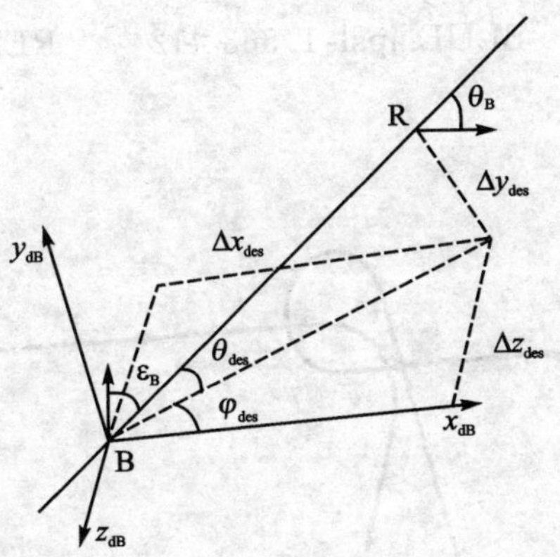

图 7.9

各操纵量确定后，可求出机体的响应量：

$$\dot{n}_x=\frac{n_{xC}-n_x}{\tau_{nx}},\dot{n}_y=\frac{n_{yC}-n_y}{\tau_{ny}},\dot{\phi}=\frac{\phi_C-\phi}{\tau_\phi} \tag{7.34}$$

以上三式可用四阶 R－K 方法求解。

(5) 开火条件

当式(7.26)连续在一段时间 t 内满足时，可实施开火。这里，t 由火控系统的性能参数确定。

(6) 飞行运动模拟

向地轴系投影的各个分量可见图 7.2 中的公式。

$$\dot{v}_B = g(n_x - \sin\theta_{PB})$$
$$\dot{\theta}_{PB} = g(n_y \cos\phi - \cos\theta_{PB})/v_B \tag{7.35}$$
$$\dot{\varphi}_h = (g n_y \sin\phi)/(v_B \cos\theta_{PB})$$

7.3.6 算　例

样例 1

1）初始输入

BLUE. $\varphi_h = -30°$　　RED. $\varphi_h = -30°$

BLUE. $X=1\,000$　　RED. $X=-1\,000$

BLUE. $Y=500$　　RED. $Y=700$

BLUE. $Z=400$　　RED. $Z=600$

结果：Rc：139.832 886　BLUE. ipsl：1.563 412　RED. ipsl：0.168210

2）航迹，见图 7.10

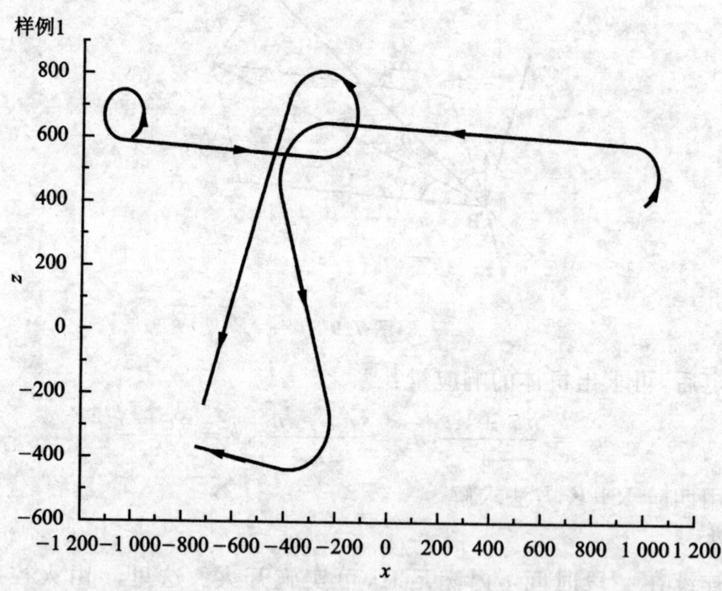

图 7.10

样例 2

1）初始输入

BLUE. $\varphi_h = -150°$　　RED. $\varphi_h = -30°$

BLUE. $X=1\,000$　　RED. $X=-1\,000$

BLUE. Y=500　　　　RED. Y=700

BLUE. Z=400　　　　RED. Z=600

结果：Rc:161.590 408　　BLUE. ipsl:0.202 320　　RED. ipsl:0.442702

2）航迹，见图 7.11

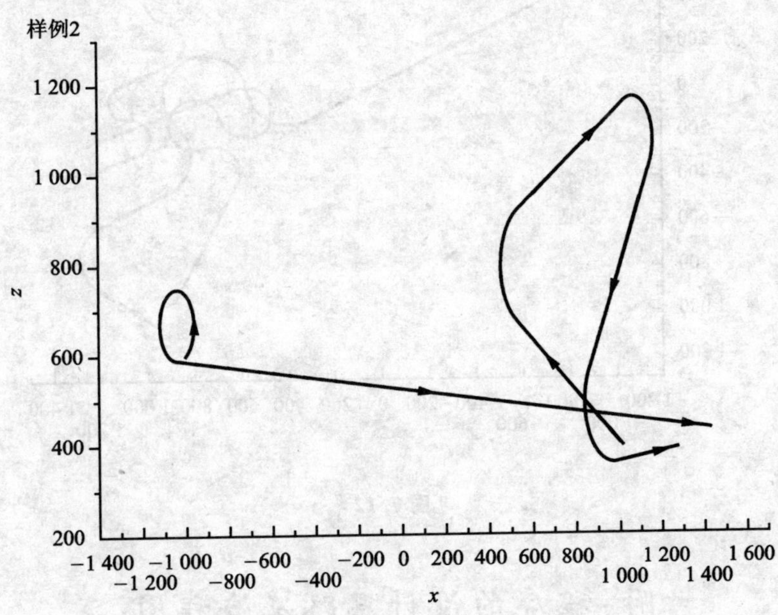

图 7.11

样例 3

1）初始输入

BLUE. φ_h=90°　　　　RED. φ_h=90°

BLUE. X=1 000　　　　RED. X=−1 000

BLUE. Y=500　　　　RED. Y=700

BLUE. Z=400　　　　RED. Z=600

结果：Rc:140.210 022　　BLUE. ipsl:0.181 798　　RED. ipsl:1.471 962

2）航迹，见图 7.12

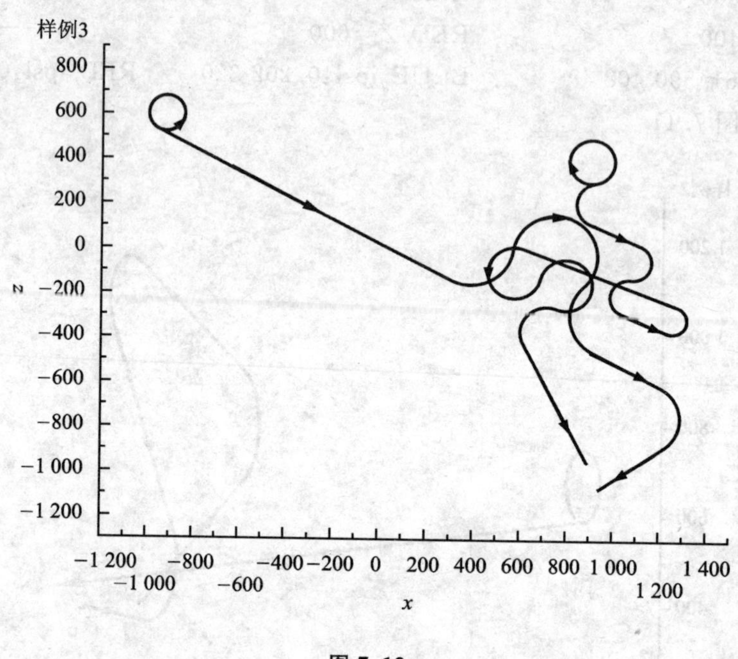

图 7.12

附：程序的设计思路及流程图

1. 经验规则逻辑(机械逻辑)

传统的空战仿真采用的是以经验规则为基础的机械式逻辑。程序首先对空战双方的相对关系进行前期处理，然后将处理结果进行一系列的逻辑比较，这些比较是以一系列的条件等式为基础的，比较完成后形成机动方法选择，并进行机动模拟。这种方法的优点是程序处理速度快、程序的逻辑思路简单明了，是简单的顺序结构。但是，该方法的缺点也显而易见：程序员要对空战中的各种情况要比较熟悉、对空战规则也要明了、逻辑过于简单，最后得到的机动不一定就是最佳的机动选择、程序的体积过于庞大。逻辑框图如图 7.13 所示。

2. 值驱动选择逻辑

这是一种试探性的逻辑选择方法。这种方法跳过了一系列繁杂的空战态势条件判断，而将一系列的机动动作作为试行的空战机动动作，仿真程序分别以这些动作为基础计算仿真对象在一定时间后的空战态势，从而从中选择出最优的空战动作作为战斗机动动作。相对于经验规则逻辑(机械逻辑)而言，其优点不言而喻：程序的结构简洁明了、体积不会太大、可扩展性好、不依赖于空战经验的积累、采用的机动动作一般说来是最优化的。缺点就是每次进行机动

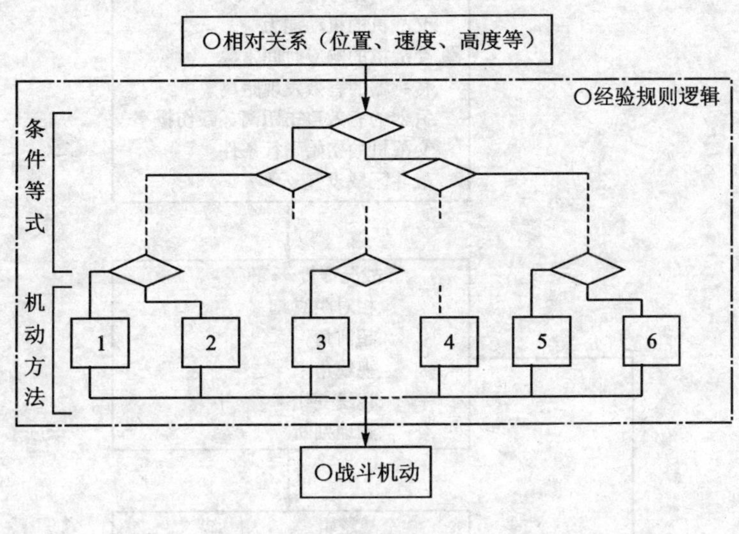

图 7.13

选择时，所有的机动动作都要进行仿真计算，会浪费不少计算机机时。逻辑框图如图 7.14 所示。

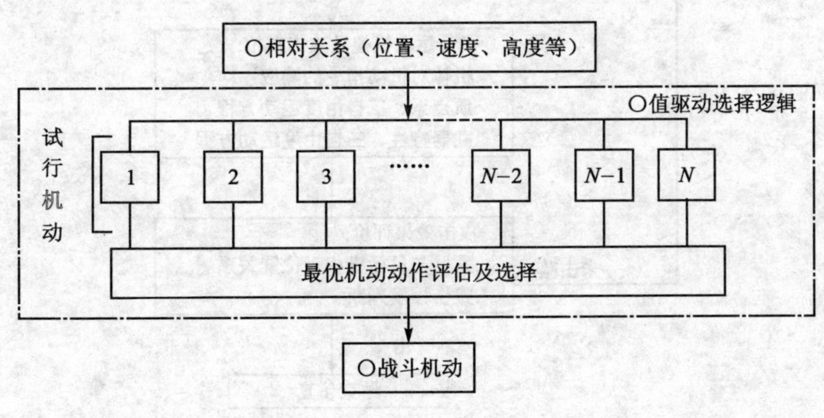

图 7.14

值驱动方法现在已广为各种仿真程序所采用，其相对别的方法的优势已得到了人们的认同。值驱动选择逻辑是空战逻辑的核心部分，程序流程如图 7.15 所示。

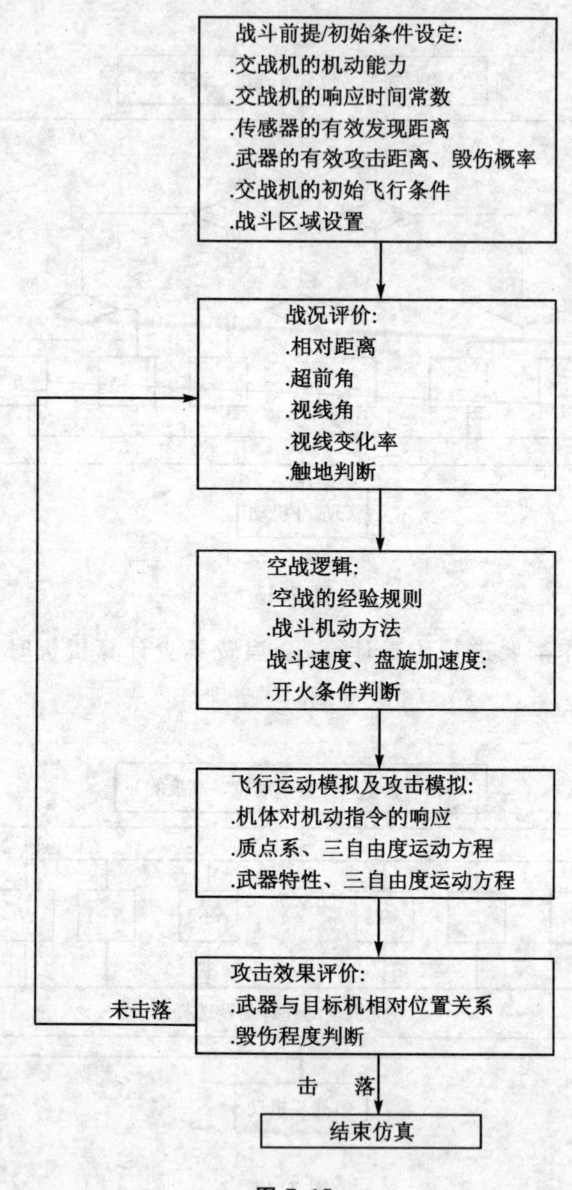

图 7.15

7.4 喷气式歼击机对直升机空战模拟

图 7.16 描述了一架喷气式歼击机和一架直升机之间的空战模拟，双方各装备一门航炮。歼击机不能与直升机的小转弯半径能力相竞争。而直升机不能与歼击机的高速性能竞争。因

此,歼击机总是超过直升机而不是在急转弯中交战。直升机威胁歼击机的最好时机是以最大可能速度朝着歼击机方向飞行,这样能使歼击机的可用射击时间减到最小,而同时达到直升机对歼击机的最佳射击时机。一个回合(如果没有毁伤),敌对双方将尽力转弯,进而进行重新攻击。在这个模拟中,直升机保持高度不变,紧贴地面而歼击机适时的俯冲或者爬升。

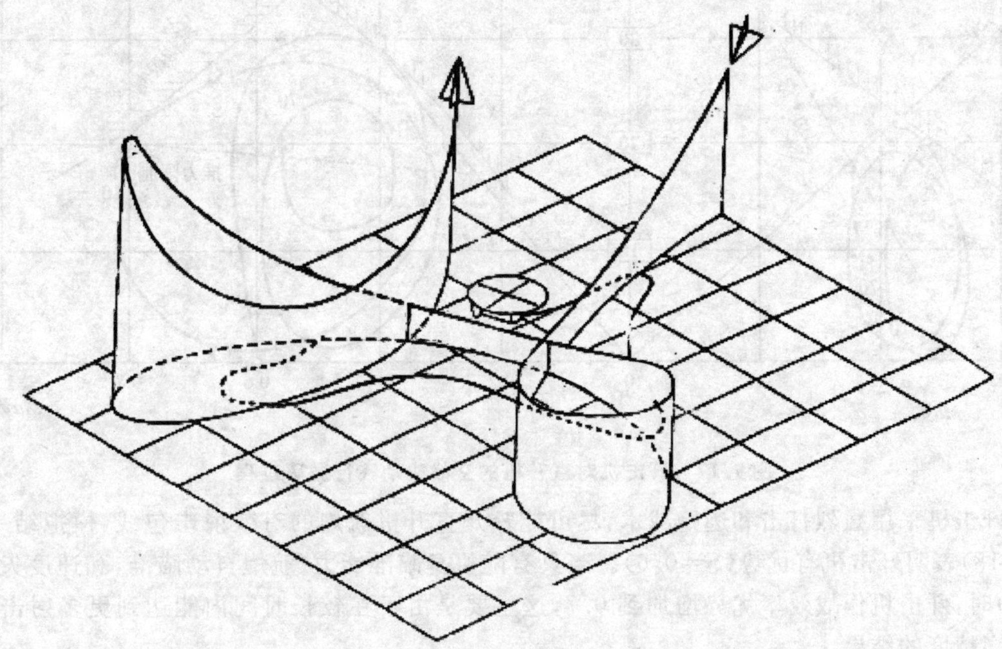

图 7.16　歼击机对直升机空战模拟

图 7.17 是歼击机和直升机的机动飞行循环操纵过程,它与歼击机空战的循环过程完全类似,歼击机和直升机分别受到气动力和结构极限的限制,并且两者的机动飞行对称于推力/功率极限线。

对于歼击机,保持它的竞争性的转弯速率和转弯半径;对于直升机,在保持它的转弯速率和转弯半径优势的前提下,尽可能提高飞行速度。

显然,在一定的转弯速率下,歼击机在速度上有绝对优势,直升机在转弯半径上具有优势。演示结果表明,相对于直升机,歼击机具有更好的作战效率,然而,相互攻击的比率优势相差不大,此时并没有考虑高性能歼击机与直升机之间的价格比。

模拟时直升机的机载武器:23 mm 可控活动航炮,“毒刺”红外导弹,“响尾蛇”红外导弹。

模拟时歼击机的机载武器:30 mm 固定式航炮,“响尾蛇”红外导弹。

航炮的作战模拟结果:两侧装载航炮,进行了首次 64 个模拟,其中歼击机上装载 30 mm 远距航炮,直升机上装载 23 mm 可控航炮。

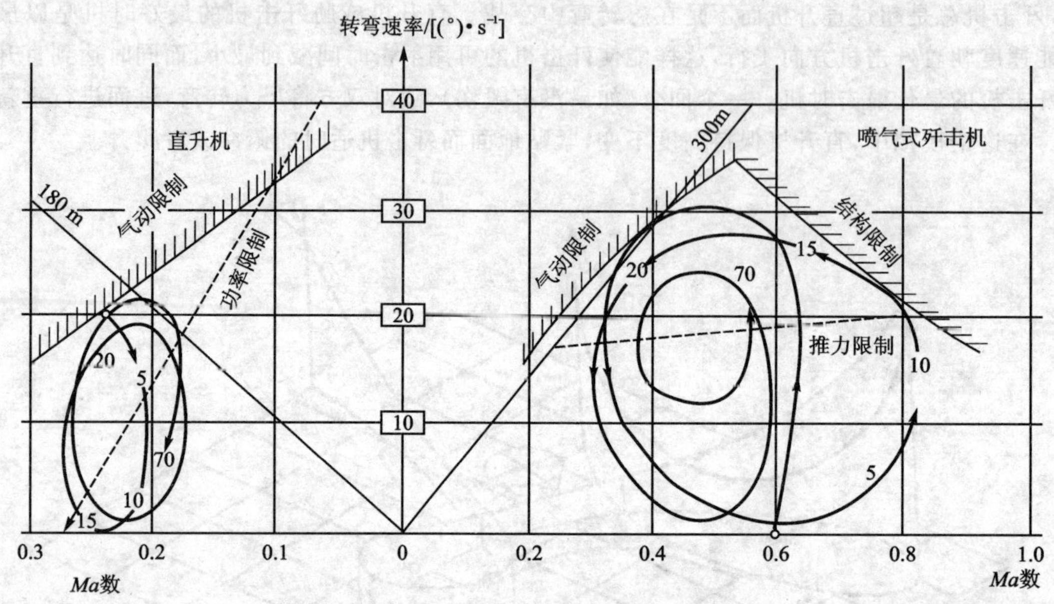

图 7.17　歼击机对直升机的空战机动飞行循环过程

歼击机采用猛烈打击和逃跑战术，尽可能躲开直升机航炮的有效射击包线，模拟结果（见图 7.18）表明歼击机有优势（$S=0.6$）。当具有随机身瞄准能力（航炮自动瞄准，和速度矢量不交联）时，歼击机作战效率优势增加到 0.7，这主要是由于在较长时间内能达到更多射击机会和较高精度的结果。

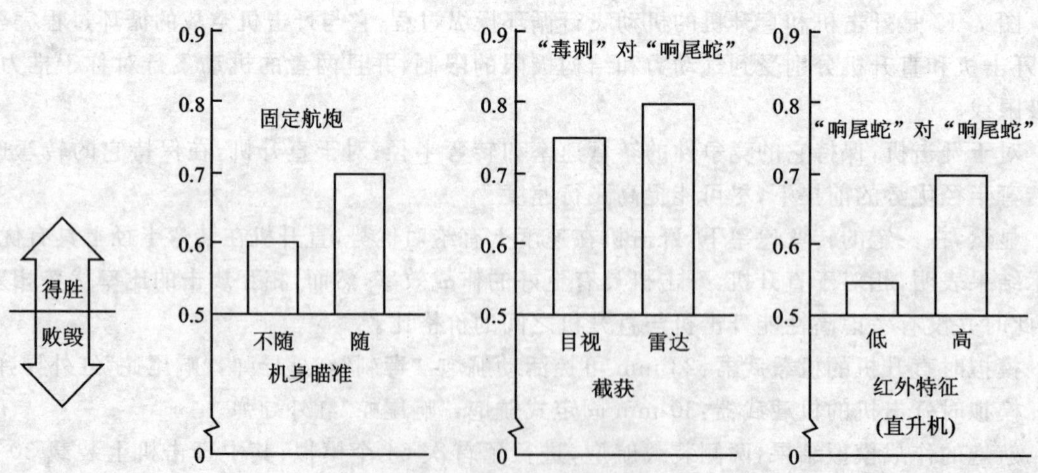

图 7.18　歼击机对歼击直升机的作战效率

不同导弹作战的模拟结果：图 7.18 描述了交战模拟结果，歼击机上装载“响尾蛇”导弹而直升机上装载“毒刺”导弹。由于“响尾蛇”的有效射程比较远，于是歼击机在“毒刺”导弹的射程范围之外可暴露的时间长些，因此对应于在目视探测范围内开始交战的情况，其效率参数值为 $S=0.75$；对应于在雷达探测范围开始交战的情况，其效率参数可以高达 $S=0.80$。

从评价发射/命中/脱靶的比值来看，显然更多的导弹发射位置位于目视探测范围内，但是由于正好位于导弹包线的内侧发射边界，所以脱靶的百分比也增加，特别是在偏离瞄准线的发射状态下。

两侧安装同样导弹的模拟结果：如果两侧都是安装“响尾蛇”导弹，由于直升机的红外特征难以测准，是一个变量，基线红外特征值相当于延伸到前半球的典型慢车功率状态的歼击机特征值(其值为 1)，作为一个变量，取其最大无油功率状态一半位置的特征值(为 1.5)。图 7.18 所示是基线特征值下交战状态和模拟结果，可见歼击机的优势处于临界状态($S=0.55$)。歼击机的优势主要体现在超机动能力的导弹上，因此，虽然直升机的发射机会较多，但是它的脱靶律也较高。如果给定直升机一个更大的红外特征值，模拟结果就对歼击机更为有利。

空战模拟结论：

① 歼击机必须采用打击和逃跑相结合的战术；

② 歼击直升机必须采用低空机动飞行战术；

③ 歼击机勉强处于优势，主要依靠其机载武器、传感器和红外特征值。

7.5　直升机对直升机空战模拟

7.5.1　参变量的综述

图 7.19 列出了直升机-直升机空战模拟相关的参变量。

直升机的性能包括机动性和敏捷性。机动性由持续和瞬时法向加速和减速能力组成，敏捷性由滚转、俯仰和偏航的时间延迟函数来模拟，并且认定滚转敏捷性是关键性临界参数，主要取决于最大滚转速率和滚转加速度参数。

此外，一方面是与枪炮有关的参变量，涉及到通用安装的炮塔和由于体轴侧滑的方位角补偿，特别是就枪炮参变量需要寻找一个射程远/高协调的随单发杀伤概率变化的目标值；另一方面是研究带导弹的直升机空战，从四枚“毒刺”导弹变换到二枚“响尾蛇”导弹，以寻找最佳导弹使用方案。

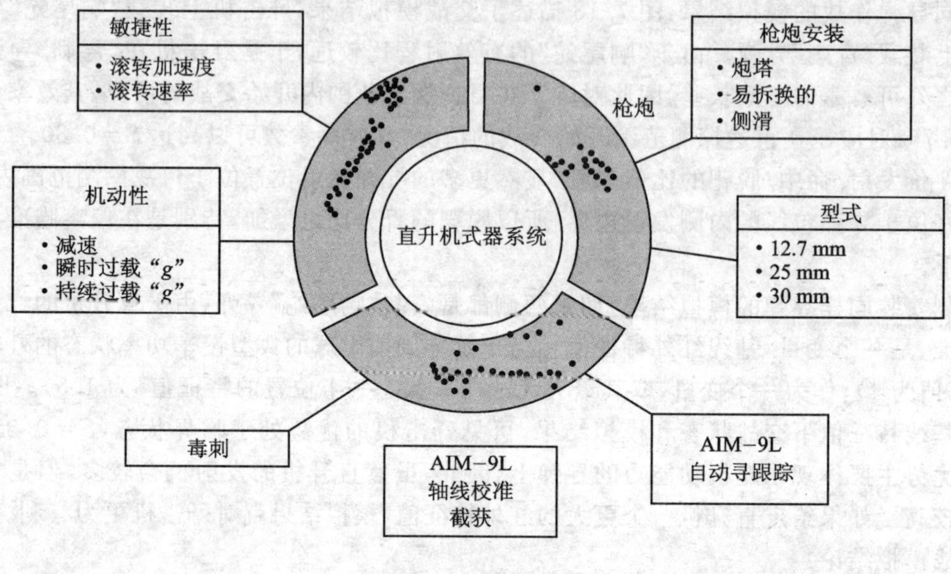

图 7.19　参变量

7.5.2　空中格斗模拟

图 7.20 描述两架装载航炮的直升机之间的空中格斗模拟，假定Ⅱ号直升机性能占优势，但是两者机动潜力，即速度和转弯能力是非常相似的。模拟结果表明，直升机之间交战的最佳

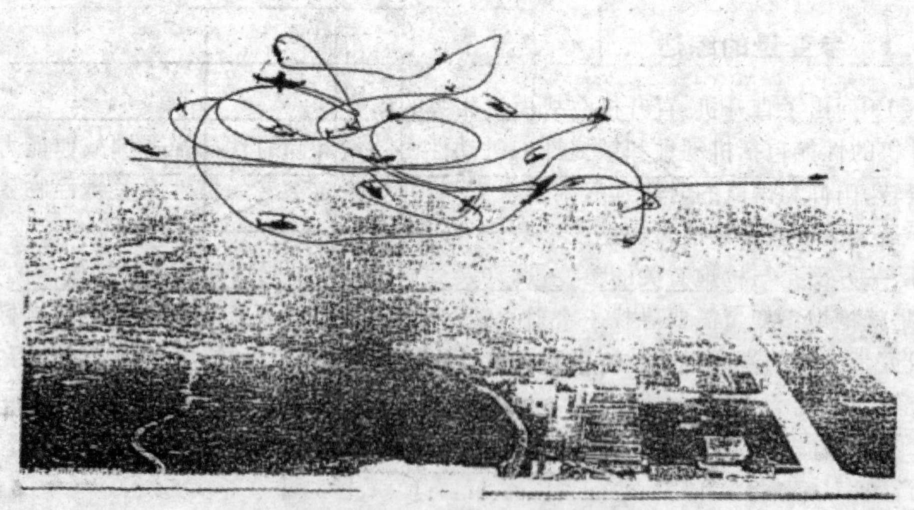

图 7.20　直升机-直升机空战模拟

战术与歼击机-直升机之间交战的情况大不相同。在交战过程中，飞行速度几乎可能减小到零，但仍然保持相当高的转弯速率，由此出现非常小的转弯半径。这样，格斗几乎被限制在比较狭窄的空间进行，并且要成功地从这个战斗环境中脱离出来是很困难的。

在这种直升机-直升机的格斗中，敌对双方并非保持贴地作战，允许它们在垂直机动飞行中有更好的瞬时转弯能力。同样，机动飞行循环过程受气动力极限和可用功率限制。由于在最大瞬时和持续转弯速率方面有优势性能，Ⅱ号直升机在整个交战过程中保持高能量，从而产生超过对方的速度和高度极限能力，见图 7.21。

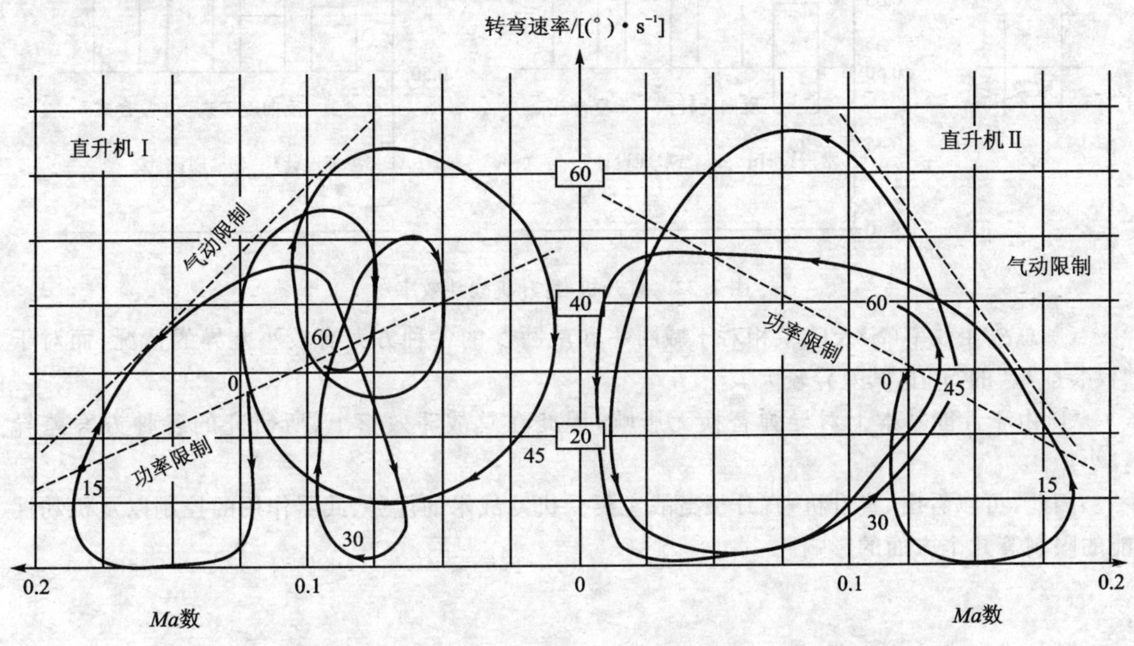

图 7.21　直升机-直升机交战中的战斗机动飞行循环过程

7.5.3　各种方案效能比较

各种方案的效能比较如图 7.22 所示。

从图 7.22 中得出如下结论：

① 相对于威胁 1 和威胁 2，对 4 种蓝色直升机方案中的每一种方案（常规设计 1，反向旋转方案；常规设计 2，复合式方案）进行评价。

② 大多数导弹发射较早，因此在超过 750 m 的范围，无论是导弹还是航炮发射，对于四种方案而言，差别不是很明显，航炮发射前视角（视界角大于 150 °）尤为重要。在近距交战格斗中，航炮发射有显著的差异，此时的航炮大多是在挂梁上发射，这个位置（航炮射程小于 750 m，目标视界角小于 120°）考虑了各种方案。

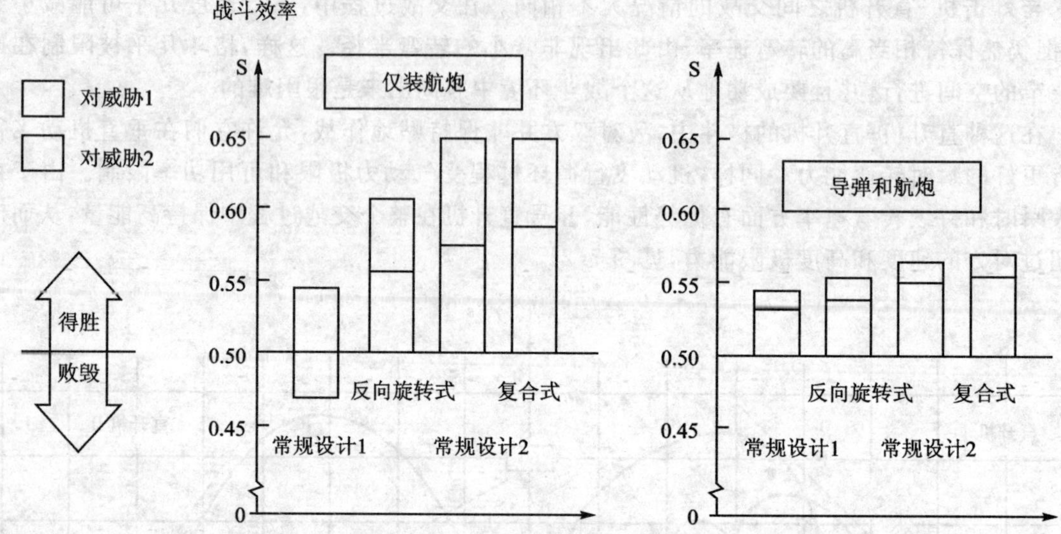

图 7.22　直升机-直升机战斗效率

③ 总战斗效率(S)反映了相对于威胁 1 和威胁 2 的各种方案有较小差异的情况,而对于“仅装航炮”的 S 值,其差异较大。

④ 由于性能基本上对导弹替换无影响,因此在总战斗效率上,所研究的各种方案差异较小。

因此,可以看出,直升机-直升机空战主要受机动战术的优势、武器作用的控制以及机动性能的限制等几个方面的影响。

第 8 章　直升机多机空战

8.1 引　言

近年来，直升机空战的各类预测性文章时常见诸报端。众多科技工作者也积极的投身于直升机空战的先导性研究中。目前，研究的重点主要集中在对直升机性能的分析、航空武器装备在直升机空战中的有效性、直升机生存性能、简易的直升机战斗效能评估、低空空战对机载传感器的要求等方面；而对于综合性的直升机空战仿真研究则较少见（特别是在国内），原因在于：一是该课题涉及的范围太宽，几乎综合了直升机的全部子系统，特别是在直升机运动模型的建立、空战逻辑的实现上有较大的难度；二是直升机空战仿真的结果必须通过空战演习来检验，以发现仿真中不合实际的问题，这一点对于国内的科研机构来说很难实现。

目前，在这方面走在前面的是美国，其早在 20 世纪 80 年代就已开始进行直升机空战模拟仿真方面的研究，在 90 年代前期取得了一些成果，能够较成功地进行直升机单对单的空战仿真，并开发了一套名为“AutoMan™”的直升机专用仿真程序。该项目得到了美国军方的支持，并对结果进行了实际的空战演习检验。但该程序也有其缺点：不能完全自主地将仿真进行下去，回路中存在人为因素。这就决定了其需要大量的外部人机交互设备的支持，如模拟器、数据交换设备、并行计算机等。目前国内进行的相关研究主要集中在多机接战的目标分配问题、协同的战术决策方法、攻击逻辑等方面，而且大部分是同固定翼机相关的。

就直升机空战而言，到目前为止，在几次局部战争中爆发过直升机与直升机间的单对单空战、直升机与固定翼机间的空战，而直升机间成建制的编队空战还没有出现过。随着未来战场环境的日益复杂、空地一体化作战思想的日益完善，夺取低空、超低空制空权的任务必将日益迫切；而对于这一类任务，以现代歼击机的性能而言，还很难胜任。首先，现代高性能歼击机不适应低空、超低空下的低速空战；其次，现代歼击机上配备的火控系统不适应对直升机一类目标（在地面杂波背景下）的锁定和攻击。在几次局部战争中，固定翼机在同直升机的交战中取得了绝对优势，但仔细分析就会发现，这些被击落的直升机在同固定翼机的较量中往往都未能采取正确的战术决策，一旦配备了适当的武器、在战斗中采取正确的应对措施，直升机反而会对固定翼机造成一定的威胁。

8.2 直升机空战的战场环境和特点

由于直升机作战任务的特点，决定了其只可能在低空、超低空进行战斗行动。因而空战直升机的作战对象主要是敌方的对地攻击直升机、空战直升机和低空飞行的攻击机。由于低空、超低空飞行的特点，使得直升机的空战环境较为复杂，众多的地形障碍物成为直升机天然的隐蔽所，给直升机的空战带来很多变数。

就战场环境而言，直升机空战和固定翼机空战的主要区别是目标信息的获取和来源上。由于地面杂波、雷达性能水平以及直升机本身特性的影响，使得依靠雷达来搜索对方的直升机是很困难的，因而在现阶段直升机间以雷达制导为基础的超视距空战从技术上来说是不现实的。因此，较现实的目标信息来源是通过机载红外传感设备和飞行员的目视搜索，这就决定了直升机间的空战是以红外制导空空导弹和航炮为基础的近距空战，战斗编组以长僚机编队战术为主，缠斗这一在固定翼机间已很少见的战斗方式仍将是直升机编队空战的主要战术。

目前各国为直升机装备了近距空空导弹，由于它们大部分是由近程地空导弹改进而来，其有效射程一般在 3 000～4 000 m，最远不超过 6 000 m，航炮的有效射程一般在 1 000 m 左右；因此，对直升机间的空战而言，先发制人的打击更为重要和致命。直升机空战对目标探测与识别、协同空战的能力更为看重，超视距空战的一套法则在直升机空战过程中并不适用。

在直升机空战中，飞行员几乎是面对面的解决战斗，谁在战斗中有逃避的念头都会是致命的(除非在战斗区域以外就选择逃避)，唯一的选择就是面对敌人，利用本机的机动性能进行追尾机动，以达成武器发射条件，消灭敌人，保存自己。在战斗中，战斗编队的协同能力是很重要的，良好的协同能力能更有效的发现敌机、协调空战战术。因此，固定翼机的协同空战仿真战术决策的思想可以应用到直升机的空战中，但在应用中这种思想更多是为机动接敌提供初始的空战态势评估，而不负担起火力分配的使命。攻击和武器的选择由仿真中的飞行员行为模块提供。

8.3 直升机多机空战仿真的关键技术

1. 多源传感器数据融合技术

直升机多机空战环境日趋复杂，这就使单个传感器或者单个直升机上的传感器显得力不从心，所从必然采用多架直升机上的传感器相互协同工作，以扩大探测空间，做到扬长避短，优势互补，这就是多源传感器数据融合技术。该技术可以分为如下 3 级：

① 目标级，用来得到改进的目标位置和敌我识别估计，以及得到仅靠本机无法探测到的目标位置和敌我识别估计；

② 态势级，用来辅助进行完整而及时的敌、友机态势评估；

③ 威胁级，用来辅助进行完整而及时的武器威胁评估。

简言之，战术决策完成威胁判断、目标优先排序，它是真正实现协同空战的关键所在。威胁判断经常采用参量法和非参量法。前者的典型方法是贝叶斯(Bayes)法；后者主要根据目标的角度(方位角和俯仰角)、距离和距离变化率等做出判断，因而显得简明实用。目标优先排序的方法是计算目标优先权。这包括计算自主优先权和协同优先权。前者是仅根据直升机自身探测到的信息得到的；后者则考虑了多机间的信息支援和共享，既可使目标分配的重复最小，又可充分利用整体探测空域以极大地提高机群总体作战效能。

2. 空战态势评估与威胁评估的评定方法

在一些空战仿真设计中，威胁评估的内容仅考虑空战态势的影响(就单机空战而言，这样做是足够的)。而对于多机协同空战，这样做就忽略了目标机的作战能力这一重要因素，因此，多机空战中的空战态势评估和威胁评估的结合是很重要的。下面介绍一种空战态势评估和威胁评估的方法。

① 空战态势评估：多机空战的态势评估同单机的相似，同样以优势度为基础来进行空战态势的评估。优势度的计算为

$$S = 1 - (\varepsilon + \theta)/180^\circ + S_r \tag{8.1}$$

式中，$1-(\varepsilon+\theta)/180^\circ$为角度优势度；$S_r$ 为距离优势度。

计算的结果最后形成一个 $m \times n$ 矩阵，其中，m 为我方参战直升机数量，n 为对方直升机数量。

② 空战效能指数：空战效能指数直接影响到敌机对我机的威胁程度。原则上说，空战效能越高的敌方直升机就越需要给以特殊注意。由于直升机空战效能的评估方法较少，这里采用较为简便易行的指数法。

评估公式为

$$C = [\ln(B) * b_1 * b_2 + \ln(\sum A_1 + 1) + \ln(\sum A_2)] * C_1 * S_1 * H_1 * D_1$$

式中各项系数如下。

机动性参数：$B = (V_{max}/300) + (H_d/5\,000) + (N_{ymax} - N_{ymin})/4 + (V_y/10)$；

发动机参数：$b_1 = (P_S/200) * (P_m/7) * (S/3)$，(大型机)

$b_1 = (P_S/200) * (P_m/3) * (S/3)$，(小型机)；

旋翼参数：$b_2 = \pi R^2/T$；

火力参数$\sum A_1$：$\sum A_1 = \sum A_1^{炮} + \sum A_1^{弹}$

其中，

$A_1^{炮} = K_{瞄} * (\text{rpm}/1\,200) * (初速/1\,000)^2 * (弹丸重量/400) * (口径/30) * (n/500) * n_1$

$A_1^{弹}$ = 射程 * 射高 * P_k * (总攻击角/360) * (过载/35) * (跟踪角速度/20) * (总离轴发射角/40) * sqr(n)

探测能力参数$\sum A_2$：$\sum A_2 = A_2^r + A_2^{Rr} + A_2^{目}$

其中，A_2^r 为红外探测设备的探测能力指数；A_2^{Rr} 为雷达的探测能力指数；$A_2^{目}$ 为飞行员目视探测能力指数。

操纵效能系数 C_1：依据具体的操纵系统的效能进行确定；

生存力系数 S_1：$S_1 = [(10/机长 * 2/宽)^{0.25} * S + (150/S_0)^{0.25}] * Z/2$，$Z$ 为装甲系数；

航程系数 H_1：$H_1 = (机内油最大航程 K_m/K)^{0.25}$；

电子对抗能力系数 D_1。

空战效能的指数方法在第 4 章中有详细论述，这里不再赘述。在实际应用中，可将采用上述方法得到的敌方各型直升机的空战效能数据制成数据库，以便在仿真程序中直接调用。

③ 总的空战威胁指数：由于空战效能指数同空战态势指数相差较大，使用前要进行归一化处理：

$$C_i = C_i/\max(C_i) \tag{8.2}$$

由于直升机空战能力指数一般不会超过 15，故可将上式简化为

$$C_i = C_i/15 \tag{8.3}$$

综合空战态势和空战能力的影响，得到总的威胁指数为

$$W_i = b_1 \times S_i + b_2 \times C_i \tag{8.4}$$

式中，S_i 为第 i 架敌机对我机的优势度；C_i 为第 i 架敌机的空战效能；b_1、b_2 为权值系数（$0 \leqslant b_1, b_2 \leqslant 1$）。

3. 目标分配

多机空战的目标分配问题一般采用以下原则：

① 首先打击威胁度高的目标；

② 避免重复攻击；

③ 以我机空战态势占优的直升机攻击处于劣势的敌机。

设我方有 m 架直升机与 n 架敌方直升机交战。依据上述原则，可依以下步骤进行目标的分配：

① 评估空战态势，形成优势度矩阵 $\boldsymbol{S}$，即

$$\boldsymbol{S} = \begin{bmatrix} S_{11} & \cdots & S_{1n} \\ \vdots & & \vdots \\ S_{m1} & \cdots & S_{mn} \end{bmatrix}$$

其中，S_{ij} 是第 i 架我机对第 j 架敌机的优势度。

② 对敌机进行威胁评估。计算各架敌机对我方总的威胁指数，综合全部威胁指数，形成敌机对我机的威胁指数矩阵 $\boldsymbol{t} = \begin{bmatrix} t_{11} & \cdots & t_{1n} \\ \vdots & & \vdots \\ t_{m1} & \cdots & t_{mn} \end{bmatrix}$；

③ 确定矩阵 $\boldsymbol{t}$ 中最大值所对应的敌机(假设为 j)；

④ 在优势度矩阵 $\boldsymbol{S}$ 的第 j 列找出最大元素，设为 S_{kj}；

⑤ 将敌机 j 分配给我机 k 攻击；

⑥ 删除矩阵 $\boldsymbol{t}$ 中敌机 j 对应的列向量；

⑦ 如果分配给我机 k 的敌机数量等于该机的攻击极限值，则该架我机退出目标的分配，同时删除矩阵 $\boldsymbol{S}$ 中的 k 行；

⑧ 重复③～⑦过程，直到我方直升机全部分配完毕。

长僚机的目标分配完毕后，就按照这一分配结果实施空战。空战过程中，空战态势是时刻变化的，但长僚机的攻击目标不宜频繁变更，而应在一定时间内保持这一分配结果。目标的重新分配应发生在以下几种情况下：

① 对方有直升机被击落或退出战斗；

② 我方有直升机被击落或退出战斗；

③ 敌我双方的空战态势发生了质的变化。

目标分配对于协同空战的重要性不言而喻。正确、及时的进行目标分配对于提高空战编队的战斗效能起着不可替代的作用。目标分配的基础是对空战态势做出了符合实际的评估，对敌我双方的武器性能的正确评价。

4. 火力分配的问题

完成目标的分配之后，如何分配火力就成了单机多目标攻击的问题。这是一个多目标决策问题。其决策目标有两个：一是使毁伤目标的战术价值最大，二是使剩余目标的威胁最小。其限制条件是攻击方直升机武器的携带数量及火控系统的性能，即

$$\begin{cases} \max\sum_{k=1}^{kf}[1.0-(1.0-pt_k)^{mk}]w_k \\ \max\sum_{k=1}^{kf}[1.0-(1.0-pt_k)^{mk}]C_k \\ 0\leqslant m_k\leqslant 2 \\ \sum_{k=1}^{kf}m_k\leqslant ll \end{cases} \tag{8.5}$$

其中，kf 为选择攻击的目标数，m_k 为分配给第 k 个目标的导弹数，w_k 为目标的战术价值，C_k 为目标的空战效能。

就直升机火控系统现阶段的水平而言，多目标同时攻击还很难做到，因此，火力转移只发生在下述情况：目标机被击毁或逃离战场；攻击机丢失原攻击目标；编队中其他友机请求掩护。僚机在击毁或丢失目标后，如果长机没有重新分配目标，则继续攻击下一个目标直到长机重新分配目标为止；长机在击毁或丢失目标后，要重新评估战场态势，进行新一轮的目标分配。对于只装备有航炮的直升机而言，不存在火力分配问题。

5. 僚机的自主优先权问题

僚机的自主优先权解算同单机空战的决策逻辑相似。当面对多架敌机时，同样要进行空战态势的评估和威胁度评估，并进行火力分配。当进行长僚机编组的多机空战时，僚机实际上有两套攻击目标可供选择：一是长机发出的战术决策，一是僚机自身做出的战术决策。在这种情况下，可以采用试行战术决策逻辑来做出决定。具体的做法如下：

① 按长机战术决策来推进仿真过程，得到一个在该战术决策下的空战态势获得值；

② 按僚机战术决策来推进仿真过程，得到一个在该战术决策下的空战态势获得值；

③ 比较①、②两种决策的获得值，从中选择一个最优决策作为僚机的战术决策；

④ 如果③中得到的战术决策为僚机战术决策，则对长机的战术决策进行修正，以修正后的战术决策作为编队战术决策。

8.4 多机空战目标分配算例

空战初始环境及相关参数

	X	Y	Z	爬升角	偏航角	作战效能指数	型　号
R0	1500.0	500.0	−25.0	0.0	0.0	7.8	AS365
R1	1500.0	500.0	0.0	0.0	0.0	7.8	AS365
R2	1500.0	500.0	25.0	0.0	0.0	7.8	AS365
R3	1500.0	50.0	50.0	0.0	0.0	7.8	AS365
B0	50.0	500.0	100.0	0.0	0.0	10.2	AH−64D
B1	50.0	500.0	50.0	0.0	0.0	10.2	AH−64D
B2	0.0	500.0	50.0	0.0	0.0	8.9	AH−1W
B3	0.0	500.0	0.0	0.0	0.0	8.9	AH−1W

空战态势表(R)

RED:	0	1	2	3
BLUE:0	−0.95	−0.96	−0.97	−0.32
BLUE:1	−0.97	−0.98	−0.99	−0.34
BLUE:2	−0.30	−0.31	−0.32	−0.36
BLUE:3	−0.32	−1.00	−0.32	−0.34

空战态势表(B)

RED：	0	1	2	3
BLUE：0	0.95	0.96	0.97	1.64
BLUE：1	0.97	0.98	0.99	1.66
BLUE：2	1.63	1.65	1.66	1.64
BLUE：3	1.66	1.00	1.66	1.62

空战总威胁指数

RED：	0	1	2	3
BLUE：0	0.81	0.82	0.82	1.16
BLUE：1	0.82	0.83	0.83	1.17
BLUE：2	1.11	1.12	1.12	1.12
BLUE：3	1.12	0.80	1.12	1.11

目标分配：

① 红机[4]AS365 攻击蓝机[2]AH－64D；

② 红机[1]AS365 攻击蓝机[1]AH－64D；

③ 红机[2]AS365 攻击蓝机[3]AH－1W；

④ 红机[3]AS365 攻击蓝机[4]AH－1W。

第 9 章　直升机战场机动与设计

9.1　引　言

在现代空战直升机的所有任务中，空中格斗的方式和结果呈现出不确定状态，设计者关心的问题主要围绕直升机空战的机动特性和战斗区域特性两个领域。

本章主要讨论直升机战场机动特性及其限制，不同飞机在低高度空战区域中的能力，并给出在地面战斗中适应垂直起落空中格斗的一些见解。

9.2　直升机战场机动科目

9.2.1　直升机作战特性

战斗固定翼机具有“高而强大”的效能，它的空战常常在高空、高速的环境下，所涉及的作战距离有远程（4～10 km）、中程（1.5～4.5 km）以及近程（<1.5 km）等. 而战斗直升机则是“低而致命”的攻击力量，也是战争中夺取低空制空权的主要力量。由于直升机特殊的空气动力特性和贴地飞行等优点，使得直升机交战常常突发产生，且多发生在近程与中程范围内。与战斗机的空-空导弹相比，直升机是在低空低速情况交战而且机动性不足。表 9.1 列出了直升机和固定翼机的空战基本特征。

表 9.1　固定翼机与直升机空战特征

特　征	固定翼机（高空）	直升机（贴地）
侦察	远程，环境无干扰； 速度不能改变侦察性；侦察范围比武器范围大	近程，环境干扰严重，电光学/雷达也许没有用处； 速度增加了高度，特别是增加了暴露性； 武器范围比侦察范围大
截获	机动导致了射击位置的速度操纵； 速度控制长的转弯时间； 武器存在有限的方位能力，这样限制了飞机的瞄准和武器发射	在同等武器下，先射击方获胜； 快速转弯和迅速射击者将取得支配地位； 活动炮塔机炮允许偏轴近程交战
战术机动	最大转弯角速率为 15～20 (°)/s； 最小转弯半径约 800 m 可期望较大的垂直机动	最大转弯角速率为 40～60 (°)/s； 通常转弯半径约 30 m，悬停转弯非常重要； 由于反飞机的威胁，可能不允许贴地上方的垂直机动

正是由于直升机所具有的这些独特之处，使得直升机的作战方式与飞机空战方式大为不同。然而，直升机空战技术还需要进一步研究，例如战斗直升机的综合性能，特别是机动飞行战术等。

9.2.2 战场基本科目

直升机战场机动飞行按用途可以分为 4 类：

① 回避障碍物；

② 逃遁或隐蔽；

③ 武器发射；

④ 目标截取和追踪。

一般的空战基本科目种类繁多，并且因采用的空战战术不同而差异很大。概括起来，就空战机动而言，以难易程度来分，有普通机动科目和特技机动科目，统称为基本科目。

直升机特技机动飞行科目是近些年为适应空对空格斗才发展起来的。在特技飞行中，飞行姿态、速度和高度等都在急剧变化，同时过载也很大。目前有半滚倒转(split - s)、横滚(roll)、筋斗(loop)、蜿蜒转弯(serpentine turn)、跃升返回(pushover)、半古巴“8”字(One-half cuban eight)和空间横“8”(lazy eight)等。

1. 紧急返回(hammerhead)

紧急返回机动常用于贴地飞行中飞越目标后的再次攻击，其过程是爬升减速并完成 90°转弯；然后下降加速并转弯另 90°，使航向共改变 180°，飞行轨迹见图 9.1(a)，航迹、速度、高度和盘旋速率的变化见图 9.1。

该机动飞行需要预定控制的参数为：

① 进入转弯时的距离 s_1；

② 等效转弯半径 R_e；

③ 进入以及改出转弯的瞬态部分的比例因子 K_{mF}；

④ 爬升高度 h_3；

⑤ 飞行速度 V_0 和 V_{min}。

当假定上述的空间机动减缩退化为平面机动时，可以用作再次获取目标信息或者迎击目标.如泪滴形转弯(tear-drop turn)就是水平平面机动的一个例子，如图 9.2 所示。在这种泪滴形转弯过程中，直升机以最大速度飞越目标后，迅速减速转弯以寻求最佳迎击起始位置 I_0，然后作加速直线飞行直至截击目标。该机动过程的最优目标旨在以尽可能短的时间再次攻击目标。这一机动过程需要预定的参数包括：

① 飞行速度 V_{max} 和 V_{min}；

② 曲弧段 $\overparen{P_0P_1}$ 和 $\overparen{P_1I_0}$ 的等效转弯半径 R_{e1} 和 R_{e2}；

③ 瞄准迎击直线距离 S_h($S_h=I_0P_0$)；

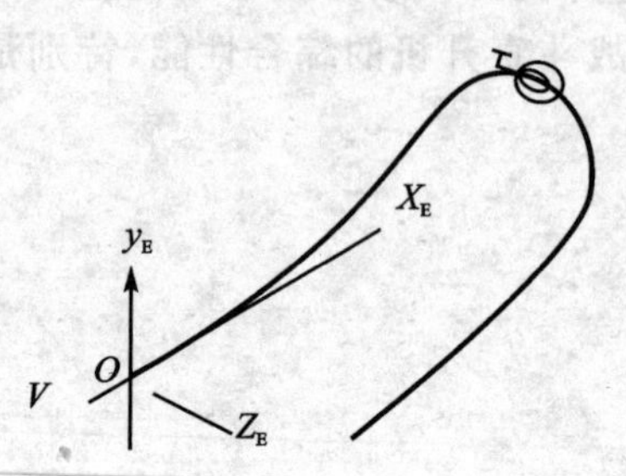

(a) 飞行轨迹

(b) 航迹

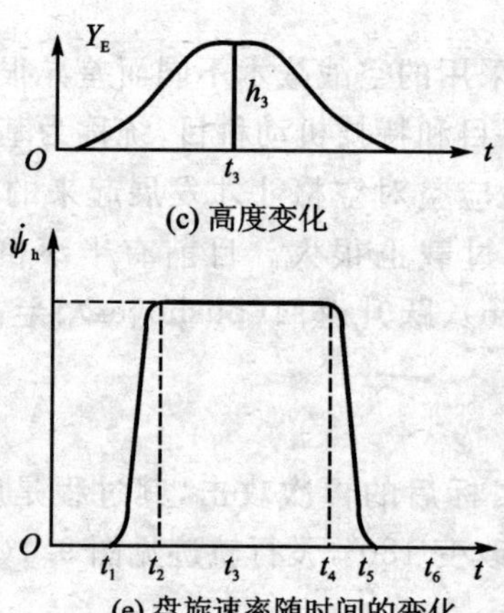

(c) 高度变化

(d) 速度变化

(e) 盘旋速率随时间的变化

图 9.1　紧急返回

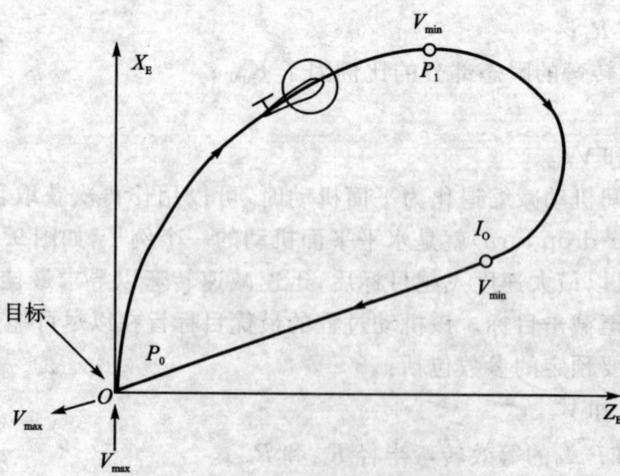

图 9.2　泪滴型转弯

④ 各曲弧段进入或者改出瞬态部分的比例因子 $(K_{mF})_i$。

同样的道理，作类似的减缩和推测，跃升返回(push-over)可以认为是铅垂平面机动的一个例子(见图 9.3)。

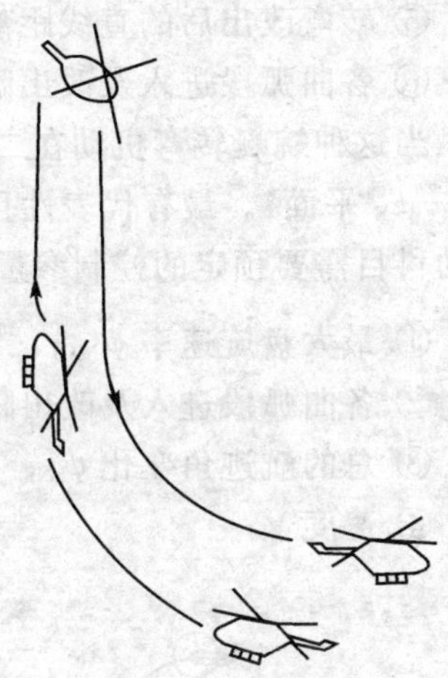

图 9.3　跃升返回

2. 蜿蜒转弯(serpentine turn)

蜿蜒转弯分为爬升式蜿蜒转弯和下降式蜿蜒转弯两种。在交战中，直升机贴地飞行常常遇到复杂的地形，因此蜿蜒转弯机动(爬升式和下降式的组合)应用频繁。

这种机动飞行的目的是充分利用地形地物作掩护，使用于存在敌方威胁的环境中。整个机动过程中，直升机飞行速度、高度、方向都发生很大的变化(见图 9.4)。它的基本特点除了有强烈的瞬时转弯之外，也有爬升减速和下降加速等运动，类似于紧急返回科目，用数学方法定义，其参数如下：

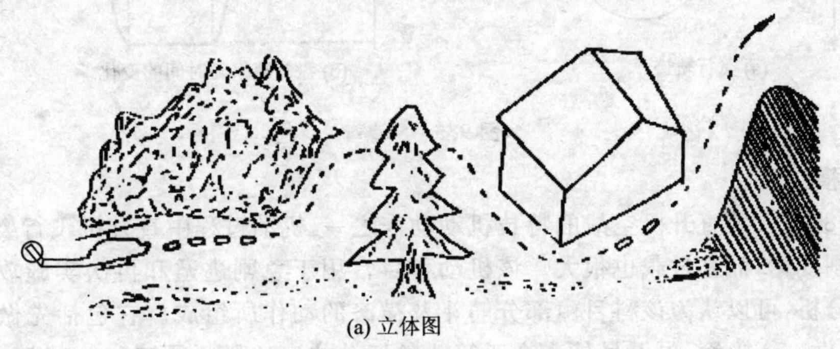

(a) 立体图

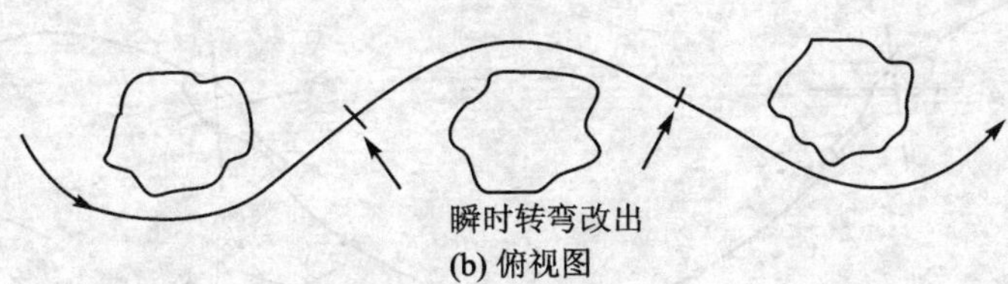

(b) 俯视图

图 9.4　蜿蜒转弯

① 两障碍物(如树、土丘、山、建筑物等)之间的距离 $(S_g)_i$；

② 障碍物高 h_i；

③ 飞行速度 V_{max}(初始时记为 V_0)和 V_{min}；

④ 各曲弧段的等效转弯半径 $(R_e)_i$；

⑤ 转弯改出后的直线距离 S_i；

⑥ 各曲弧段进入及改出瞬态部分的比例因子$(K_{mF})_i$。

当这种蜿蜒转弯机动在二维平面中完成时，可以简化为鱼跃越障（x_E—y_E 平面）或绕障（x_E—z_E 平面）。最有代表性且最简单的例子就是 S 转弯（S - Bend）机动科目（见图 9.5）。该机动科目需要预定的控制参量有：

① 最大盘旋速率 $\dot{\psi}_{hm}$；

② 各曲弧段进入及改出瞬态部分的比例因子$(K_{mF})_i$；

③ 总的航迹角变化 ψ_{hc}；

④ 速度 V。

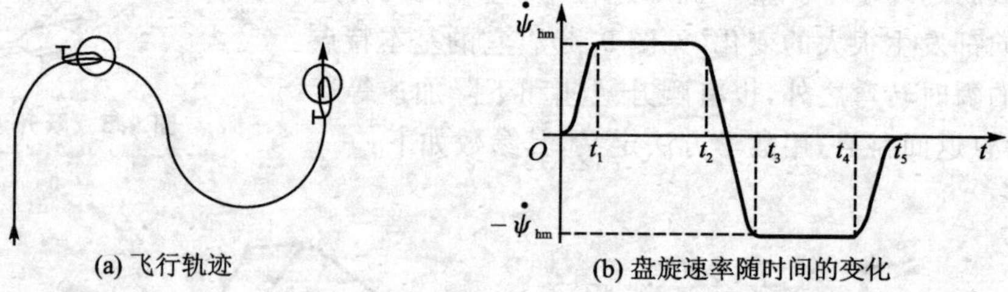

图 9.5 S 转弯

3. 空间横“8”

空间横“8”是武装直升机空战的特技机动动作之一，机动过程中直升机飞行姿态、速度、高度都伴有急剧变化，而且过载也很大。该机动科目常用于急剧逃遁和再次实施攻击。作为简要的概略性分析，可以认为该科目由部分筋斗及横滚的动作所组成。它包括先做正筋斗的四分之三，然后做一个半滚；再做另外一个正筋斗的四分之三。随后再来一个半滚；最后从俯冲改出，改为直线平飞，如图 9.6 所示。这种科目的数学定义不再细述。

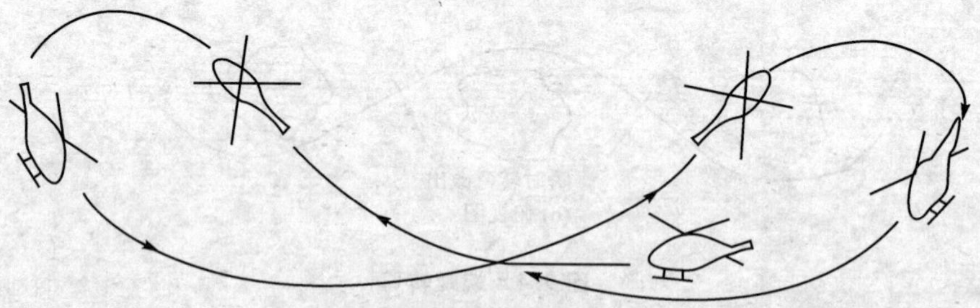

图 9.6 空间横“8”

当这种空间横“8”机动动作进行分解或者改变机动动作顺序时，可以形成古巴“8”字机动以及逆古巴“8”字机动动作，如图 9.7 和图 9.8 所示。

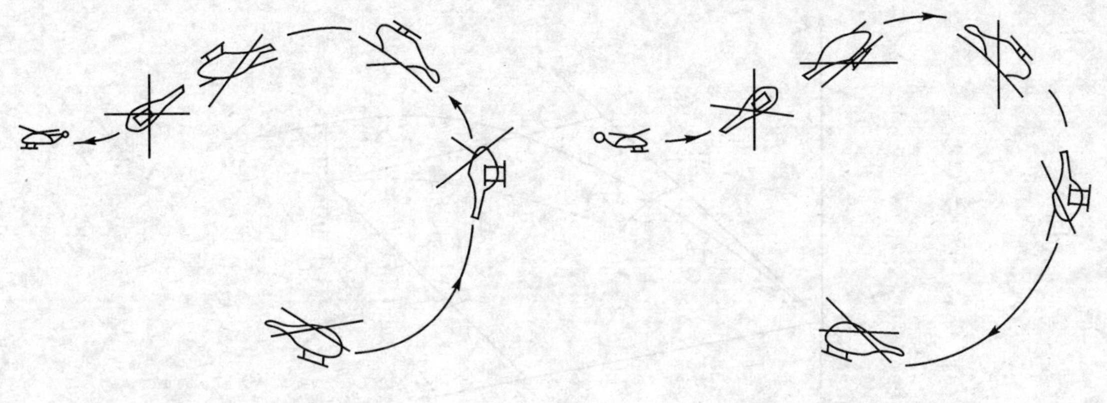

图 9.7　半古巴“8”　　图 9.8　逆半古巴“8”

9.2.3　机动等级的分定

对某一机动科目作精确定义的目的之一就是评定直升机是否具有能够完成该机动科目的能力。一般，根据以下三种准则作这种评定是行之有效的。

首先，考虑直升机的功率是否真正能够达到完成机动飞行轨迹时所需要的直升机惯性加速度（或减速度）；其次，直升机的空气动力设计是否能满足完成机动飞行任务时所需要的性能；最后，飞行品质的评定将确定飞行员完成特定机动飞行任务时的舒适性和难易程度。

本书仅基于前两个准则，即应用飞行轨迹计算与直升机模拟逆解的结果来探讨机动等级分定的某些因数。

1. 第一准则的过载因数与机动强度因数

如图 9.9 所示，坐标系原点取为机动飞行的进入点，飞行轨迹可由航迹角 ψ_h 和爬升角 θ_p 来描述，重心 C 的位置由 $\dot{X}_E,\dot{Y}_E,\dot{Z}_E$ 来确定，则地轴系中的速度分量为

$$\dot{X}_E = V\cos\theta_p\cos\psi_h$$

$$\dot{Y}_E = V\sin\theta_p$$

$$\dot{Z}_E = V\cos\theta_p\sin(-\psi_h)$$

加速度分量 $\ddot{X}_E,\ddot{Y}_E,\ddot{Z}_E$ 可由上式直接求出，同时航迹角 ψ_h 和爬升角 θ_p 也可导出。

通常，基于第一个准则的机动分级有两种方法，它们分别定义如下：

(1) 最大飞行轨迹载荷因数 n_{fpmax}

$$n_{fp} = \frac{1}{g}\sqrt{\ddot{X}_E^2 + (\ddot{Y}_E + g)^2 + \ddot{Z}_E^2}$$

$$n_{fpmax} = \mathrm{Max}(n_{fp}(t)),\ t \in [0, t_m]$$

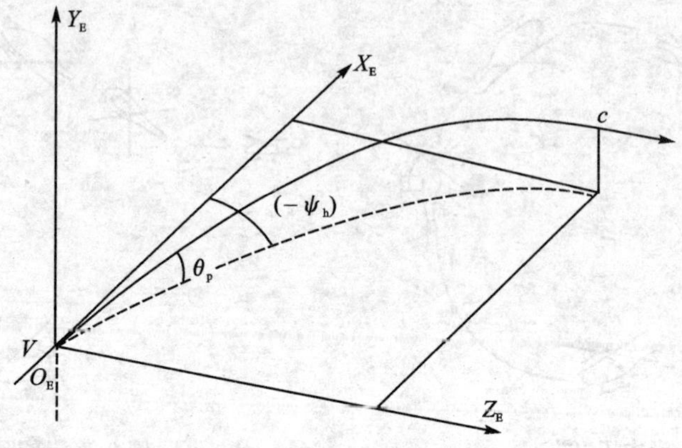

图 9.9　机动飞行坐标系

(2) 机动强度因数 f_{ms}

$$f_{ms} = \frac{1}{t_m}\int_0^{t_m}(n_{fp}-1)^2\,dt$$

2. 第二准则的拉力因数和总距因数

通过直升机的模拟逆解可以得到完成机动科目所需要的拉力系数 n_{Th} 和总距因数 n_{θ_0}，它们分别定义为

$$n_{Th} = \frac{C_T}{C_W}, n_{\theta_0} = \frac{\theta_0}{(\theta_0)_{en}}$$

这里，C_T，C_W 分别为拉力系数和重力系数；$(\theta_0)_{en}$ 为进入机动科目时的总距操纵值；θ_0 为机动过程中的瞬时总距操纵值。

一般地，拉力因数是所有机动科目的特征因数，也是第二准则中所必须予以考虑的因数。操纵因数(如总距因数，纵横向周期距因数)可随不同的机动科目作不同的选择和侧重。图 9.10 给出了直升机 90°平飞左转弯机动的飞行轨迹载荷因数，拉力因数和总距因数的模拟计算值。三种因数的主要差别来源于直升机的模拟模型(包括机身、旋翼以及其他部件等)，特别是旋翼的空气动力模型。

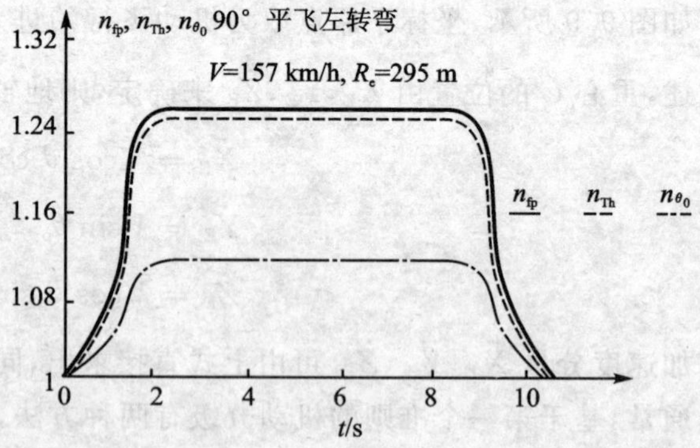

图 9.10　飞行轨迹载荷因数、总矩因数和拉力因数

9.3　直升机战场机动能力设计

9.3.1　空中机动性

直观地说，飞机支持其机动能力的特性可用两个明显不同的机动性指标来表征，一是表示飞机可能机动的程度，一是关于飞机可能机动的迅速性和准确性。前者可称为机动性，后者称为敏捷性。

机动性指的是通过能量状态变化改变飞行轨迹、速度、向量的能力，典型的度量机动性的品质参数包括爬升率、转弯角速率以及法向或切向加速度。某些影响机动性的典型设计范围包括特定的剩余功率或拉力、允许的载荷系数、各个特殊分系统所引起的不同限制。

影响机动性的典型设计范围包括剩余功率和拉力、允许的载荷系数、各个分系统所引起的不同限制。

在讨论不同机动性的设计选择之前，首先要看提供动力用以改变整个系统能量状态的能源。在这里，飞机的机动性在明显独立的速率范围中定义，基于影响机动的可用能量，也要限制机动性落入类似范围中。

稳定的机动状态，在低速范围常用可用剩余功率来预测。当速度大概超过最大平飞速度(V_H)的 0.5 倍时，专门的剩余功率就不能用来预测总的机动性，因为有效瞬时的机动水平已经超过稳定值。

瞬时机动性水平通过势能或动能的转换，或者使用临时的动力装置超转来增加。就直升机机动品质而言，习惯上用 3 s 周期来定义瞬时机动性，因为有效和使用的飞行轨迹偏离约需 3 s 来完成。

图 9.11 显示了现代典型直升机具体的有效能量。这里有效能量是以特定的剩余功率状态来描述的。当空战飞行试验时，在 H－60 和 S－76 上记录的每秒减速率为 27.78～37.04 km/h，在减速转弯过程中速度在 240～278 km/h，在这种机动中动能的恢复借助于大约 2.7 g～3.0 g 瞬时法向过载系数。也应注意到这种减速转弯伴随着直升机的自转，旋翼速度达到正常时候的 11%，但这并不表明发动机功率的提高。

图 9.11 中，在速度为 222 km/h 时，每秒 37 km/h 的能量提取要求大约每秒 0.06 km 的比能量变化率。这样的机动将允许动能转换而不掉高度，因为对沿着地形飞行的直升机飞行员来说，60 m/s 的下降率是很难接受的。注意到在大约 111 km/h 以下动能快速的减少，所以在低速时通过失去速度来提高机动性并不有效。瞬时机动性能够从其他的能源(如旋翼动能)中获取能量而得到提高。对现代直升机而言，约 0.03 km 的比能量可以在旋翼中得到储备(如图 9.11 所示)。图中描述的旋翼比能量假定旋翼速率从参考速率的 125%降低到 90%。这样的旋翼速率偏移在着陆自转中是很普遍的，它提供了与 2 s 内剩余发动机功率所具备的

同样能量。当速度范围在 222 km/h 以上时,航空飞行器的可用动能起支配作用。这将意味着:如果战斗开始时保持有较大速度,那么,就可以获得较大的优势。飞机的空战准则“速度就是生命”就源于此。但是,直升机空战的速度代价与战术效益不能这样简单的分析,由于两对手之间的大速度差别,一般可以得出这样的结论:优势将属于速度较慢的直升机,或者能够迅速减速的直升机。

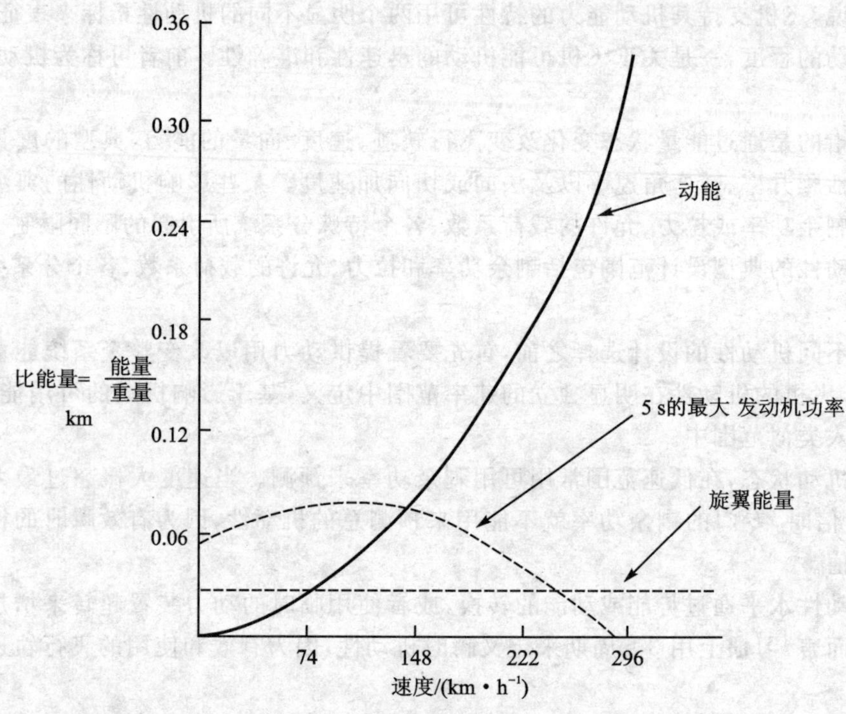

图 9.11　能量对机动性的作用

图 9.12 测量的某空战试验数据与计算的 H—60 P_s 值之间的关系,可见 P_s 值是低速范围内最大潜力的较好预测值,因为在低速范围内,瞬时机动受不充足的动能所限制。

在速度约为 0.5～0.6 V_H 的范围内,对瞬时法向载荷因数能力(N_E)的限制一般是由于后行桨叶出现失速。随着需要的旋翼拉力变大,桨叶载荷增加并且最终达到不可接受的数值,这正好可以由桨盘后行侧的桨叶俯仰力矩突变来表征。如果允许失速并超过了起始值很远,那么将失去旋翼的周期操纵并导致灾难性的飞行条件。在某些设计中,桨叶俯仰力矩能够克服周期操纵液压系统的作用依次把旋翼力反馈给座舱。这样的情况在 AH－1S 和 AS365N 的空战试飞中已经出现,因此有时候又描述为“助力器失速”。

典型的设计限制可以从分析图 9.12、图 9.13 中桨叶气动载荷(C_T/σ)来预估,C_T/σ 平飞设计值与最大值的比确定了瞬时法向加速度的极限。由于 C_T/σ 值影响了许多其他的设计参

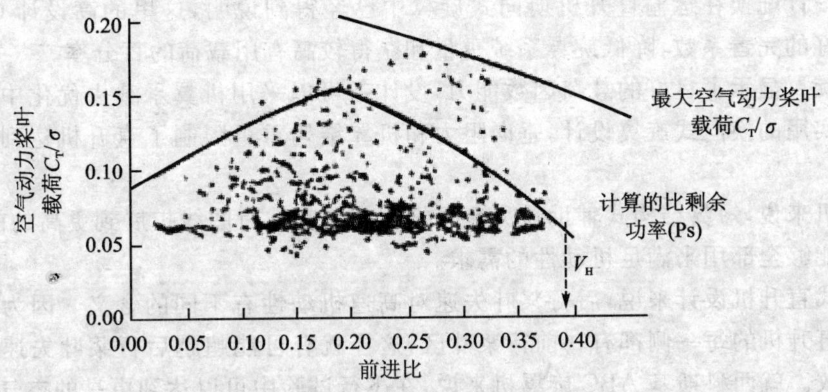

图 9.12　C_T/σ 与前进比的关系

数(如旋翼系统重量和悬停完善系数),所以在最大机动性和最优悬停有用载荷之间往往采用折中方案。对大多数单旋翼、纵列式和换向式旋翼设计来说,最大的 C_T/σ 约为 0.20,而刚性共轴或西科斯基的前行桨叶概念直升机(ABC),最大的 C_T/σ 约为 0.28。

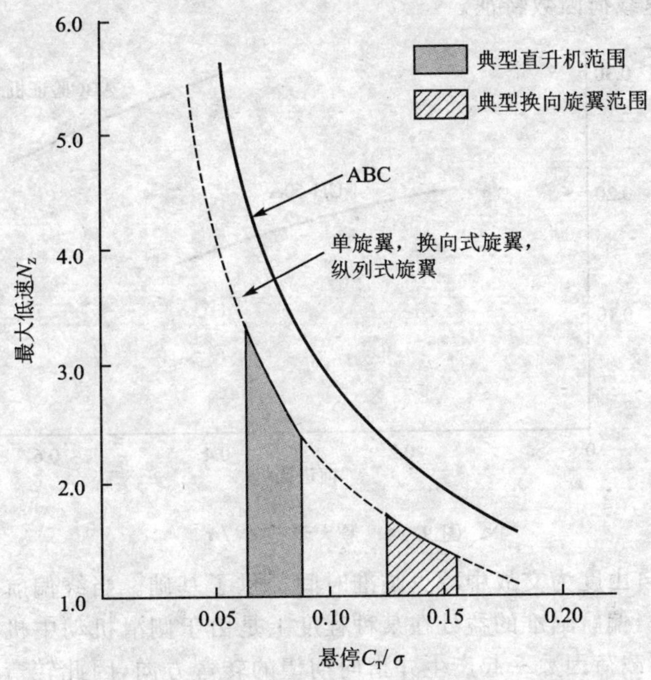

图 9.13　设计 C_T/σ 与低速 N_z 之间的关系

典型的设计配换在运输直升机换向式旋翼中已经得到说明，这里的高设计 C_T/σ 值可以用来获得较好的完善系数，降低旋翼系统重量和获得较高有用载荷的百分率。

换向式旋翼显示了良好的载荷因数能力，设计者可以采用机翼承载去优化中速到高速的机动性。对实用的换向式旋翼设计，垂向阻力和机翼结构重量限制了直升机达到低速机动性的等级。

就直升机来说，短翼结构式辅助拉力装置把气动桨叶载荷曲线扩展到更高的前进比，可用的旋翼拉力能够全部用来满足机动性的需求。

对共轴式直升机设计来说，后行桨叶失速对高速机动性有不同的含义。因为一对互反的旋翼系统在直升机的每一侧都有一前行桨叶区，这样就有可能超越后行桨叶失速区域而保持好的操纵功效。就西科斯基 ABC 旋翼机来说，在飞行试验中可以达到更高的空气动力桨叶载荷如图 9.14 所示。这些数据表明，ABC 旋翼机是唯一将低速和高速机动性融合，并代表了空战垂直短距起落飞行器。然而，不能对所有共轴式旋翼设计都采用这样的高载荷因数特性，因为 ABC 是一种高偏置的刚性旋翼设计，并且桨叶俯仰力矩的变化不能够诱导挥舞变化，而两个桨盘之间的间隙仍然存在。铰接式的共轴设计也许不保留有这样的桨叶间隙，因此它可能不拥有所改善的高速载荷因数特征。

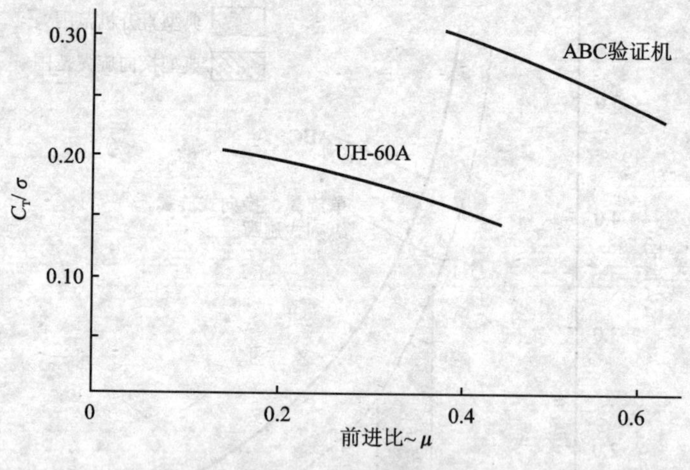

图 9.14　最大示范 C_T/σ

研究表明，偏航自由度为交战中减少瞄准时间提供了基础。当绕偏航轴旋转被认为是一种纯粹的机动动能时，偏航瞄准的益处在某种程度上是由于侧滑机动中机身所产生的侧力带来的。该侧力和法向载荷因数一起产生并指向期望的转弯方向，因此转弯角速率增加。虽然侧滑自由度可以变化，但是大多数成功的飞行员可以应用飞机获得显著优势。

高速偏航机动有方向上的优点。由侧滑所诱导的阻力增加能够改善飞机的减速特性，因此，可以较快的过渡到最好的机动速度范畴，当减速和有助于转弯的向心加速度耦合时，便可以在前飞中减小转弯时间。

前飞中侧滑的限制一般出现在尾桨或它的支承结构。对共轴式或无尾式设计来说，由于仅仅考虑尾锥结构载荷，因而大大增加了可用的侧滑。在共轴式和无尾式设计结构上采用舵面是很有益处的。

9.3.2　空中敏捷性

敏捷性是指快速和准确地改变机动状态的能力。它是一个首要的操纵功能，包括允许快速、精确地驾驶操纵，并在机动状态增加系统稳定性。典型的敏捷性特征度量是从一种机动状态转换到另外一种机动状态所需要的时间，以及保持精确机动任务需要的工作负荷和完成机动任务的精确性。

影响敏捷性的典型设计范围是操纵系统灵敏性、阻尼、带宽、发动机响应、系统短时稳定性、系统动态稳定性以及操纵交叉耦合。

敏捷性是飞行品质工程师的主要领域，但是敏捷性的重要方面又遍及整个直升机设计。例如，空战直升机所需要的带宽和阻尼很可能将支配着旋翼头部的挥舞铰偏置，于是对直升机设计可建立重要基石。类似地，发动机响应可确定旋翼速度滞留的精确性，并且也就确定了直升机的短周期、小角度和动稳定性。

高等级的敏捷性设计有它的固有缺陷。例如，如果需要高偏置的旋翼去提供精确而又高阻尼控制的需求带宽，那么旋翼的交叉耦合将对原先旋翼的良好设计起到消极作用。

图 9.15 表明贴地攻击直升机所需要的滚转阻尼和滚转灵敏度的关系。这些结果表明了操纵要快而且要有高阻尼反应的需要，但是它们仅仅反应这些典型空战特性的特定飞行任务。

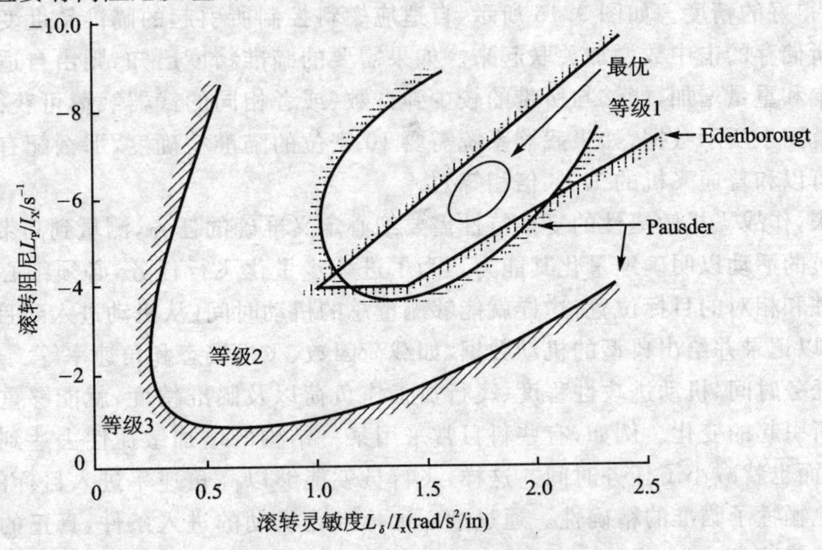

图 9.15　攻击直升机的推荐滚转值

飞行员驾驶中有许多因素影响直升机敏捷性。典型空战任务和精确瞄准机动的复杂特性使得在某一时刻仅仅单轴检查非常困难，因为对目标的高速率控制和迅速处理常常需要大量的多轴工作负荷。在很大程度上，准单轴分析常常是不够的，除非定义可取的交叉耦合极限。

自适应燃料操纵飞行试验大纲表明了常用液压操纵和同步自适应数字控制之间的差别。美国陆军航空应用技术管理局(AATD)的试验得到了一组数据，该套数据把 S－76 直升机精确瞄准任务中瞬时旋翼转速 N_R 的变化和直升机飞行品质联系起来，并采用激光炮模拟系统去量化空-地和空-空攻击机动时直升机的精确瞄准性。这些数据表明，对直升机良好的瞄准能力(典型值为 5～20 密位)来说，尤其受发动机燃油操纵的旋翼速率稳定性的影响。

N_R 稳定性对飞行品质的影响是一个特别重要的区域。N_R 的微小偏差(±1%～2%)都将会对飞机的操纵平衡产生相当大的影响，因为大部分的力和力矩都在随 N_R 的平方而变化。这一情况在偏航时尤为突出，由于发动机扭矩滞后和 N_R 变化将极度地扰动反扭距的平衡，并且随之而来的侧滑扰动将会影响到所有的轴。

这些结果清楚的表明了敏捷性的复杂特征，并且进一步给出尽量减小交叉耦合的重要性。西科斯基经验表明，对小而又短期交叉耦合的 VTOL(空战垂直起落)设计来说，它们在典型的高带宽、高负荷瞄准任务中具备了较好的完成能力，而且在高带宽、高正交距以及滚转与偏航的操纵特性在空战中是更为有效的。因此高偏置主旋翼设计 ABC 所拥有的高带宽以及固有的低惯性矩(特别是滚转和偏航)是优越的空战结构。

自适应燃料控制工程中的许多实验目的能够产生适宜于不同变量的作战功效导数。通过作战功效试验去测量飞行品质，枪炮模拟器的采用可以量化自然动稳定性以及飞行中的瞄准变化。同样，整个工程数据也可以减缩基于反映作战功效与系统成本、重量或可靠性之间的权衡数据，以获得好的精度。如图 9.16 所示，自适应燃料控制所引起的瞄准精度变化能够直接地和系统中所储存的击中数增加关联起来。如果需要的瞄准精度已知，则由自适应燃料控制所引起的成本和重量增加，能够与所带的较少弹丸数(或者相同的武器载荷可获得的杀伤数)得到平衡。就图中所示数据，如果武器系统需要 10 密位的瞄准精确度，那么配有自适应燃料控制的飞机可以和普通飞机的 1.18 倍相等效。

简单说来，作战飞机敏捷性的复杂特性需要细心定义准确的任务，测量到高带宽的任务性能以及飞行员的活动以明确地量化其能力。为了进一步量化飞行任务，必须细心地标准化机动的进入条件和相对的目标位置，这样就能够测量总的机动时间(从机动进入到目标获取的时间)，同样，可以记录并给出典型的机动数据，如载荷因数、飞机姿态和角速率等。这样，仅仅通过量化总的任务时间、机动进攻性程度、飞行员工作负荷以及瞄准精度，就能够重复有效地判别由于结构所引起的变化。例如，有些科目常采用某一结构的增加敏捷性去达到较高的进攻性总任务，因而也就减小了任务时间。这样，飞行员就能够以高角速率进入目标的获取锥度，在某种程度上牺牲了瞄准的精确性。通过细心地标准化机动的进入条件，真正的机动时间在这种情况下就能减小。

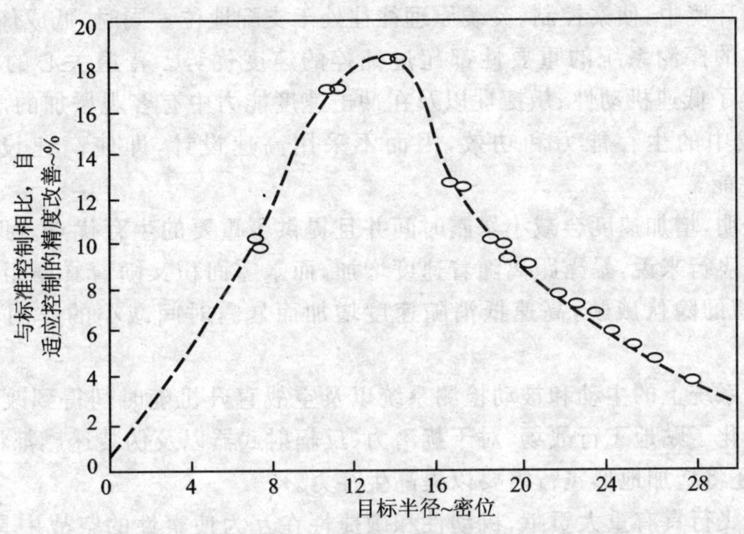

图 9.16　精度改善与目标大小

通过试验可以量化有些带说明性的数据，在很多方面需要细致研究，具体包括：

① 新的期望飞行员对品质规范的某些临界区域的飞行试验验证，特别是交叉耦合准则以及小角度的角速率/振幅比（尤其在俯仰和偏航的情况下）。

② 对空战所优化的操纵规律的飞行试验检查。

③ 综合飞行控制和综合火力系统，以便目标系统有能力进行瞄准母机。系统的操纵规律和产生的人员干扰都是研究的关键问题。

④ 敏捷性的电子放大器，通过前向馈给增益组织，预示了通过机械旋翼铰偏置，较少所带来的可观收效。能获取多大的收益，需要付出多大代价，这些问题急需研究。

⑤ 在临界空战任务中用于防止飞行员操纵不当的机体和子系统自保护问题。美国陆军研究技术实验室所倡导的直升机机动飞行圈的改善研究在这方面取得了一定成果。

9.4　直升机空战特性

为了了解直升机未来如何空战，必须先弄懂在所有的现代战场上直升机如何生存。直升机将与敌方部队中的联合陆战或支持陆战的几种并行的战斗组成部分进行空战，因此，陆军战场、地形以及环境条件的性质将支配特定战术的运用。

研究表明，VTOL（垂直起落）速度能力是一个较大的技术突破，并且采用该技术可以得到较大的战斗优势，即高速潜力的飞行器能够在现代战场上更灵活和更有效地得到应用。在某些场合下增加的速度可作为一种倍增器使用，在近战中为了生存可能会丧失优势，此时就不必盲目追求速度。

在很多空战环境中，侦察控制、突袭原理往往处于支配地位。同时，低成像的应用、贴地飞行战术以及优越的探测系统的重要性都超过纯粹的速度优势。普遍关心的问题是：现行的VTOL设计交换了低速机动性、敏捷性以及在冲击速度能力中有客观增加的成像。因为低速特性支持了作战中的生存能力和功效，因而不采用高速设计，即使高速设计会大大降低VTOL的作战性能。

很多资料表明，增加速度会减小暴露时间并且提供了重要的生存优点。但是对典型的低亚声速地形跟踪飞行来说，暴露距离随着速度增加，而暴露面积又随着暴露距离的平方增加。因此，对某一随机的隐伏威胁，高速抵消随速度增加而暴露时间减小的作用，威胁数随速度剧增。

当期望空防系统上的主动和被动检测系统以及空战直升机随时间得到改善时，这些改善也许仅仅是复杂化了贴地飞行战场，对干扰潜力、反辐射武器以及伪装迷惑都将会引入新的战术和对抗系统，还将增加地形飞行需要以提高生存力。

除了对贴地飞行具有重大贡献，机动性和敏捷性在互为侦察性的空战中具有决定性的作用，因为在互为侦察的空战环境中，短程范围的清晰视线可以清晰的发现对方。在这里，转弯和射击能力将起主控作用，并且敏捷性和机动性提高了进攻和防卫能力。同样，在近程作战中，为寻求隐蔽而进行的短而快的急冲与下降机动在突防防卫中起到帮助作用。在这样的近程攻击中，载荷因数、转弯角速率和转弯半径能力都将有助于提高适宜性。

几种典型的瞬时机动性见图9.17。图中所示的直升机具备典型的黑鹰/阿帕奇等级，换向式旋翼结构则反映了XV－15和V－22，“直升机杀手”飞机则反映了那种可能结构的推测能力。为简单起见，敏捷性的作用没有给出，但是敏捷性差别一定存在，这些差别又支持了稳定机动分析的结论。

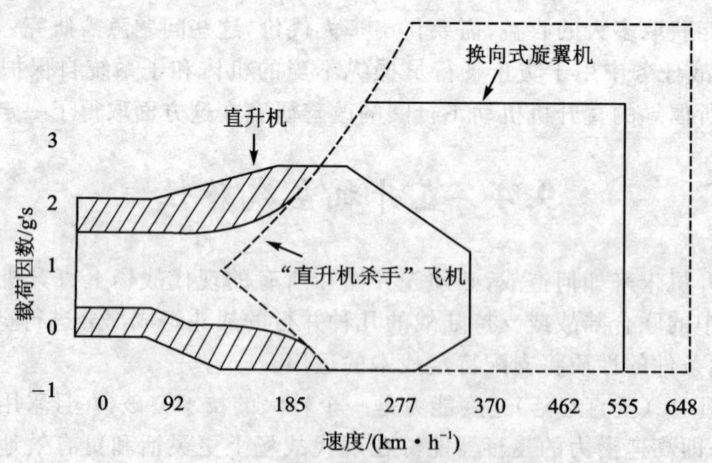

图9.17　不同结构的机动性

当载荷因数能力转换成可取的转弯角速率时，可以推测不同的设计怎样快速地使武器瞄准对手。图 9.18 表明了这些转弯角速率值以及 204 km/h 速度以下的典型直升机的优越性。由于这些设计能够迅速减速，甚至在高速开始的战场。因此直升机能够迅速地承担转弯角速率的支配特性。

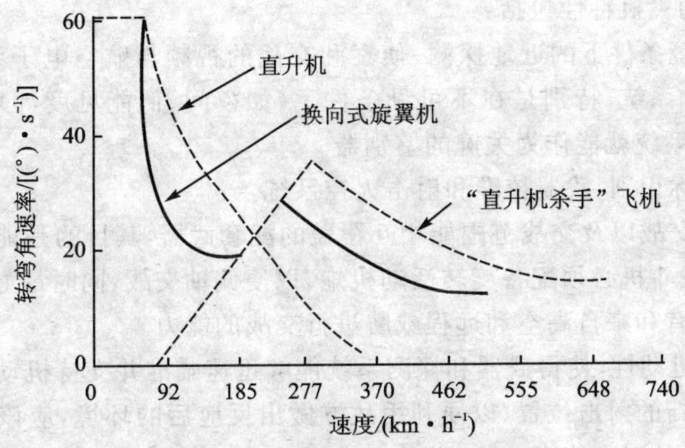

图 9.18　不同结构的转弯角速率

转弯半径同样产生问题，并且直升机初始探测能力的优势表明了带同样转弯角速率但速度较高时的"直升机杀手"飞机设计的缺点。在同样的转弯角速率时，较小的转弯半径带来迅速的武器瞄准，并较早地使直升机获得成功。

在机动概念的基本框架和贴地飞行战术特性的基础上，可以得到未来 VTOL 空战的一些结论：

1. 侦察将推动战斗

先侦察方将控制交战，并且在具备合适系统和一定数量战机时很可能赢得战斗。

贴地侦察是有问题的。主动探测系统会降低成像，因此被动探测可能成为最好的初始探测器。如果发射源得到很好的保护，主动探测将非常有用。步兵和飞机班组的组合使用非常有用，只有当清晰的视线条件存在时，贴地飞行战术才可以得到精确的侦察，目视和电子探测可以同时拥有。

支持交战临界状态的飞机参数包括：

① 低固有成像包括雷达、红外、声学与目视；

② 好的机动性与敏捷性以允许贴近地面和植物飞行，同时没有过度的飞行员工作负荷且有高可靠度；

③ 小尺寸允许小贴地跑道宽度并且在小的植被特征之后或者下方有掩蔽；

④ 低桨盘载荷/下洗可以以小扰动对自然植物或地面隐蔽产生作用。

2. 交 战

注意上述因素,与突袭的敌方发生初始交战可采用类似于典型的装甲和步兵的伏击型交战。第一次侦察可能落在武器攻击范围内,这样,配备快速设计的武器系统将是非常重要的。采用联合陆军火力支援非常关键,特别是在那些许多优势都得不到确保的情况下。

支持初始交战的飞机特性包括:

① 支持不同环境条件下的近地探测、侦察和交战的视频与航空电子系统,用于为飞行员提供环境信息的显示系统,特别是在不可见条件下(如夜间、低能见度等),将用于参数限制。有了夜间空战,这些系统就能作为关键的鉴别器。

② 允许快速目标识别、武器校准和射击火控系统。

③ 允许大范围交战以及交战范围能相互覆盖的配套武器,其目的是能获得高杀伤率。一架占有空中优势的战斗机必须配备旋转活动机炮,以便偏轴交战,同时最好配备两种型号的导弹,其中一种必须具有和来自高空和远程威胁进行交战的能力。

④ 高敏捷性和机动性,使得武器和探测系统能够迅速瞄准并支持机动战术。在初始射击后,直升机将转移到新的射击位置,以便利用敌方做出反应后的环境,应该得到提高机动飞行(特别是加速飞行)时的射击能力。

⑤ 把所有飞行部分定向到友军与敌方位置,并能迅速地协调联合陆军火力,将其作为一种力量倍增系统使用,这样可使所有承担任务的直升机优化使用。有了这样的系统,作战指挥员能快速部署飞机以获得最大作战功效。

⑥ 击中后允许有连续有效的弹道偏差。

3. 交战之后

在指令区域的持续军事力量需要有支持重新组织、重新部署和重新交战能力的其他特征。战斗部队的灵活性在很大程度上由直升机的特性决定。

空战垂直起落飞行器必须与空防网络排成一排,所有的空防探测系统承担所有的空战VTOL任务显然是不适宜的,因为有些队员可以选择为进攻系统和复杂探测装置的安装以及武器等做部分工作。如果正常的机动的剩余功率能够部分用在附加的探测系统与武器载荷上,那么这样的直升机就可作为活动的SAM场所。

① 留置在军事基地的时间决定于充足的燃料及其有效使用,直升机可持续的监视,以防卫反坦克和运输直升机或作为战场侧面的前哨。

② 俯冲/巡航速度应足以迅速机动横跨战场中不可竞争的区域,而交战中的高速很可能是严重的障碍,这样对迅速反应或返回跨越大区域的能力要求提高。运行需求区域的维数与空防网络提供的响应时间一致时,可支配速度的需要,但是,速度需要不得降低低速成像、机动性和敏捷性。

③ 要有足够高的可靠性,保证直升机在任务失败后还可以进行多次交战和长时间使用。

④ 快速返回,以备燃料和武器补充。当组合运输直升机在空战VTOL时,快速部署的前

区补给点应建立起来，以实现迅速补给和进一步的倍增兵力。

⑤ 战场上应有足够的直升机数量保证在多数交战中具备合理的均势。

在初始设计阶段，为了做仔细的权衡，设计人员必须依赖不同的分析工具来确定最有成效的特性组合，然而，贴地作战给分析者留下了最复杂而又富有挑战性的任务。

地形基础的细节必须紧密匹配直升机的大小，这样能见度的计算能够支持侦察性和生成性的权衡。对应于贴地直升机战场运行的基本法则，应用到战斗模拟中。对飞行剖面、速度与高度的关系，地物干扰的威胁探测性能必须准确的表达，这样才能获得真实的结果。

从本节内容可以得出如下结论：

① 机动性是关键的空战属性，它可由旋翼拉力和剩余功率驱动，所选择结构将确定机动性与速度之间的关系，特别是在 370 km/h 以上的俯冲速度与可接受的低速机动性之间的权衡。

② 敏捷性是同样关键的空战属性，它由带宽、操纵功效和低交叉耦合驱动。敏捷性受直升机属性和系统属性的影响。

③ 非惯例机动技术，如提高侧滑、辅助拉力以及俯仰瞄准等都必须予以研究，以达到提高作战功效而又不对其他设计需要带来不良影响。

④ 前行桨叶概念的共轴式直升机结构（ABC）表明了空战直升机的特殊能力。从低速到高速的高机动性、高敏捷性以及极度偏航机动性的潜力都将提高空战的能力。

⑤ 在直升机上引入自适应燃料控制，可以提高瞄准功效。

⑥ 作战功效试验和精确的飞行员工作负荷分析技术能够大大改善对空战设计的权衡理解。

⑦ 空战属性飞行实验对空战设计意义重大，包括需求验证、操纵规律的确定、火控综合、敏捷性改善以及飞行员误用时的直升机自我保护。

⑧ 侦察控制是空战成功的关键，是直升机与定翼机空战之间的本质差别。此外，速度的提高可以增加侦察能力，同时也减小了地形跟踪飞行中的生存力。

⑨ 现代直升机在沿地形飞行的空战中，比倾转旋翼直升机和优选的飞机具有更大机动性优势。

⑩ 贴地作战模式需要在地形区域详图、飞行轨迹择定法则、速度与高度关系以及混杂信号中的探测系统等方面均得到改善。

9.5 直升机空战战术

9.5.1 超视距空战

超视距空战是指在飞行员的目视距离以外使用导弹进行攻击的空战。

1. 单机空战攻击战术

单机空战攻击战术一般包括如下几类：

① 迎头进入，抢先攻击——一般的运用过程是：地面或空中指挥所远距离将我机引导至与敌机迎头飞行状态后，飞行员要尽量利用机上的探测设备（如雷达）对远方敌机进行搜索、跟踪，然后正确选择导弹的发射时机。

② 低位进入，上仰攻击——在我机武器系统性能劣于敌机时使用。一般过程是：在指挥所引导下，采取低高度隐蔽飞行接近敌机，并注意搜索、跟踪敌机，当进入导弹射程时，选择有利发射时机，从敌前下方实施攻击。

③ 避开正面，侧（后）方攻击——一般过程是：当指挥所发现敌机后，从侧（后）方引导我机接近敌机，我机同时对敌机进行搜索、跟踪，待时机成熟后，即可实施侧方攻击或者尾后攻击。

④ 机动与干扰相结合，远避近攻——一般过程是：当指挥所发现敌机后，通知我机，我机充分发挥自身机动能力和干扰手段，隐蔽接近敌机，在适当时机对敌机实施攻击。

2. 编队协同攻击战术

主要包括以下几个方面：

（1）力争及早发现和连续掌握空中情况

① 充分利用联合战役空战信息，特别是我方空军、地面防空部队的空情信息，主动与他们沟通联系，间接获取空中情报。

② 派出侦察直升机或预警直升机进行空中搜索。当发现敌突击时，为进一步弄清敌机活动情况，可在敌机突击方向上派出一定兵力，进行空中搜索，发现敌突击机群后，必须立即查明敌机机型、架数、高度和航向等情况，及时向指挥所报告。尔后，根据指挥所的命令或预先预定的行动方案，或继续搜索，或投入攻击，或跟踪监视敌机。

③ 充分发挥空战直升机自身搜索能力，利用机载侦察、搜索设备，及早发现敌机。

④ 改善通信联络，扩大对空指挥范围。通常采用派出转信直升机，利用卫星通信，加强与友邻指挥所的配合等，尽力扩大通信联络范围，改善通信联络条件。

⑤ 加强指挥引导，指挥所要及时向空中通报情况，准确实施引导，口令要简明果断。

⑥ 抗击敌电子干扰，采用反干扰、打击敌干扰机、加强我机抗干扰能力等措施，排除敌机干扰对我造成的通信、侦察、射击的影响。

（2）及时判明敌空中联合机群兵力布势

及时查明敌机突击分队、掩护分队、干扰分队、指挥分队在空中的分布和航行各组成元素，为及时组织有效打击打下良好基础。

（3）迅速组织首次截击，破坏联合机群的结构

联合突击机群，是一个具有自我掩护和攻击能力的有效系统，只有破坏其结构、打破其平衡，才能取得高效的空战效果。尽量采用奇袭战法，给敌机群以出其不意的打击。当难以获得突然性因素，或奇袭不得手时，应采取主伴配合战术，组织有掩护的攻击，避免与敌歼击机纠

缠,集中力量打击敌运输(突击运输)直升机编队。

(4) 在有利截击空域组织机群打击

采用小编队、多批次,找准时机,分段打击。在兵力运用上,要根据各型直升机的性能,明确区分机群内各编队的任务,形成佯动、掩护、主攻、支援的合理组合。在战术运用上,还要根据敌机群的特点和当时的具体条件采取相应的对策。

(5) 主佯配合,协同攻击

采用此战术,首先应在战斗队形内明确区分佯动队和主攻队。其目的是以佯动队示假,掩护主攻队的攻击行动。具体实施时,将佯动队配置在敌机便于发现的位置,吸引敌机,导致敌机飞行错误,我主攻机趁机攻击敌机。

(6) 双向进入,同时或连续攻击

采用此战术应将兵力分为两个分队。在距敌较远时,两个分队可以编成较密集的队形以迎头状态向敌靠近;当飞到敌雷达探测边缘时,两个分队向相反方向飞向敌机两侧,形成夹击态势,伺机进入攻击。

(7) 前后配置,全力攻击

将参战兵力区分为两个梯队,梯队之间保持较远的距离,并可作不同高度配置,与敌机作相对飞行。首先由第一梯队投入攻击,攻击结束后,第二梯队立即实施攻击。这种战术的好处是保持攻击连续性、攻击火力强。

(8) 预先设伏,突然攻击

将兵力区分为诱敌分队和伏击分队。实施时,伏击分队配置在敌可能飞临的区域,诱敌分队引导敌机进入伏击圈内,由伏击分队迅速进入攻击。这种战术的优点是易造成伏击分队的有利态势。

3. 防御战术

① 干扰防御:利用干扰手段,使敌机不易发现、跟踪我机,或缩短发现、跟踪距离,从而摆脱敌机。

② 规避机动防御:采用大机动、急转弯、超低空、隐蔽等方法,规避敌机的发现、跟踪和攻击。

9.5.2 视距内空战

视距内空战的原则是采用大机动手段抢占有利位置对敌实施攻击。攻击武器以导弹为主,航炮、机枪为辅。

1. 单机空战战术

(1)“爬山式”机动(见图 9.19)

图 9.19(a)是当攻方直升机想尽早占据并维持攻击位置,又不让自己冲到正在作防御转变的守方前面时所作的机动动作。目的是通过跃升到一定高度并减速,待对方进入自己的前

下方时，再加速接敌。

图 9.19(b)是当守方较早发现了正在快速接近的攻方，并采用减速的方式让攻方从上方超越自己，力图通过盯住攻方尾部，将攻方置于自己的监视之下，然后通过外转弯俯冲对目标实施攻击。这种跃升机动的后半段主要是利用轻型直升机的机动优势来获得火炮射击所需的超前角。

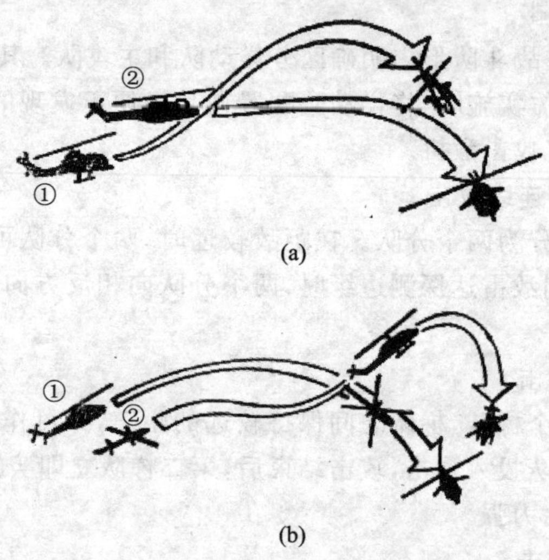

图 9.19 "爬山式"机动(①攻方;②守方)

(2) 向预定的位置机动(见图 9.20)

当攻方沿曲线尾追守方，但因无速度优势无法快速到达射击距离时，常常会采用这一战术。攻方转动直升机到适当的超前角并降低高度，同时增加速度，到接近目标后再开始获得高度并占据从后半球攻击对方的有利位置(图 9.20(a))。

攻方通过转弯获得超前角作先敌瞄准时，守方可采用带俯冲的急转弯机动，使两机处于迎头遭遇状态(图 9.20(b))。若攻方直升机有足够的速度，则可采取急剧爬升和"爬山式"防御机动动作。

(3) 半滚转攻击

交战双方迎头飞行，攻方首先加速，至接近目标时，以 20°～30°的仰角急剧爬升，力图进入守方桨叶上方的武器发射盲区，待爬升到所需高度时，攻方则进行半滚转机动，以设法使自己处于守方的后半球区域内，或攻方选用跃升转弯，直至接近失速，机头下沉时作半滚，然后作俯冲攻击，方向改变 180°，以获得有利的射击位置，然后加速并攻击守方。

守方对付攻方这种机动的战术是必须取得高度并转到攻方的侧面，迅速向攻方实施攻击。通常，会导致交战双方都作向上的盘旋机动，以占据对方的后半球，见图 9.21。在这样的格斗中，维持速度优势是获胜的关键。

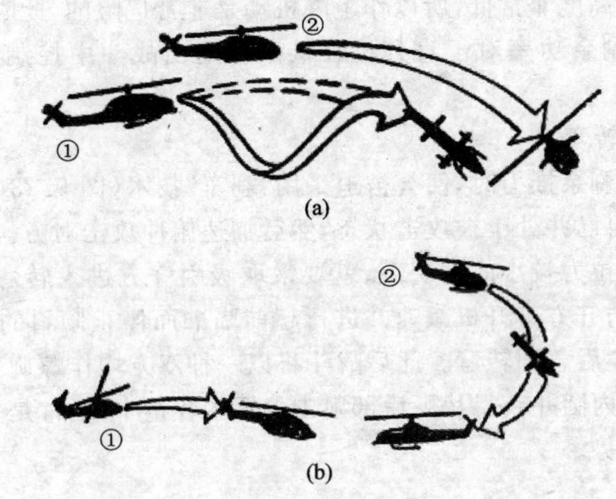

图 9.20　向预定位置机动(①攻方;②守方)

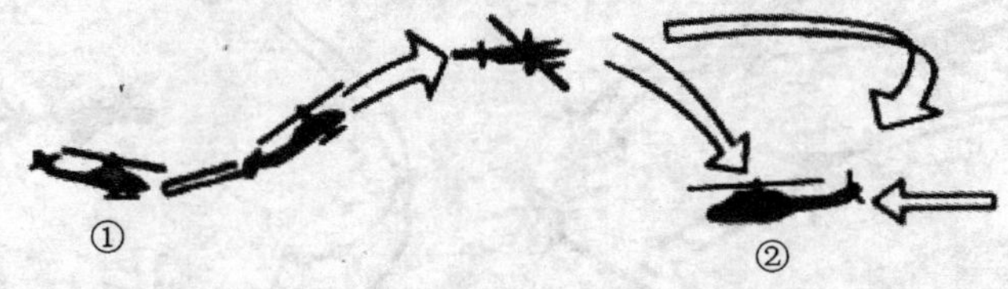

图 9.21　半滚转机动(①攻方;②守方)

(4)“剪式”机动

这种机动动作发生在交战双方均在一定的距离内发现对方时,从最初始位置逼近的情况下(图 9.22)。两机先是相互靠近然后散开,并都力图在每次相互通过后获得从后部发射的有利位置。一般说来,重量较轻的直升机易占优势,因为其转弯半径小,动力损失慢,并能保持高度,具有更好的机动性。

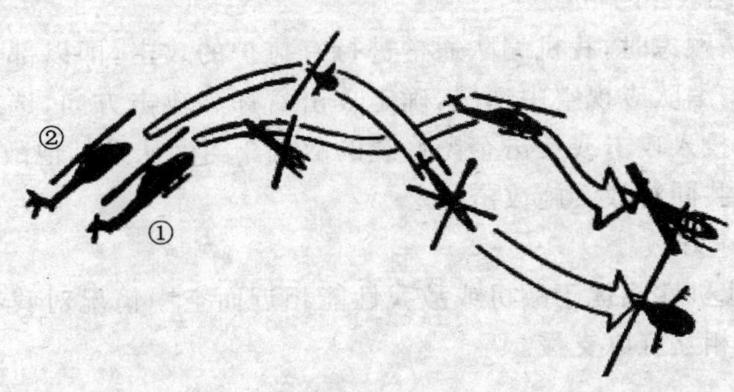

图 9.22　“剪式”机动(①攻方;②守方)

通常直升机空战的高度非常低，所以作下降机动是非常危险的，此时推重比是最有价值的设计参数。如前所述，剩余功率对于直升机在接敌和退出战斗中控制急停距离时是非常有用的。

(5) 吸引对方进入转弯

当作战直升机没有剩余推力时，便会被迫采用“刹车”技术(图 9.23(a))。此时，它将绕轴急剧爬升，使对方超过自己并处于被攻击状态，然后加速俯冲攻击对方。

当攻方直升机剩余拉力较小的情况下，就要采取吸引守方进入转弯的机动动作(图 9.23(b))。此时，常常要提防守方直升机减速并进行超前瞄准而停止倾斜的情况。一旦这种情况出现，攻方应在取得高度后急剧转弯。此后战斗将以一种双方均作螺旋上升机动的形式展开。在这场双方都力图占据内圆并获得从下后部射击位置的较量中，通常是重量轻、机动性好和转弯半径小的一方占据优势。

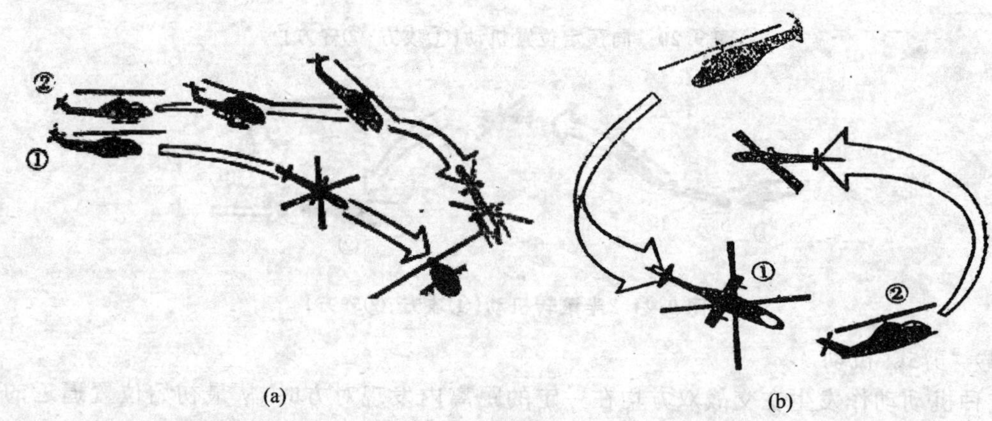

图 9.23 吸引对方进入转弯(①攻方;②守方)

2. 编队空战战术

(1) 攻掩配合，协同攻击

当判明有其他敌情顾虑时，我机编队通常进行有掩护的攻击，即以部分兵力投入攻击，部分兵力担任掩护。攻击编队应视空中情况，确定攻击目标和攻击方向，选择攻击武器；掩护编队应加强警戒，视情况投入攻击或反击企图偷袭的敌机。当确认无其他敌情顾虑时，为不失时机歼敌，可与攻击编队共同对敌实施攻击。

(2) 敌分我分，各个歼敌

这一战术通常在我机性能优于敌机或敌我性能相近而空中情况对我有利时采用，可使敌机编队同时遭到打击，相互难以支援。

第 10 章　武装直升机电子对抗技术

10.1 引　言

随着科技的发展，军队的电子化程度得到迅速提高，专门用于电子对抗的飞机、舰艇、卫星以及用来摧毁雷达等装置的反辐射导弹相继出现，使电子对抗的地位和作用大大提高，传统的陆、海、空战已经发展成包括天、电两个因素的“多维立体战”，世界上各国都认识到了这点并开始努力发展自己的电子对抗体系。电子对抗逐渐成为一种直接用于攻防的作战手段，贯穿于战争的全过程，成为未来高科技立体战争的重要组成。

10.2 电子对抗简介及其发展历史

电子对抗 ECM(Electronic Countermeasure)，美国及北约国家称之为“电子战”，俄罗斯称为“电子斗争”。电子对抗技术主要是指以专用电子设备、仪器和电子打击武器系统降低或破坏敌方电子设备的工作效能，同时保护己方电子设备效能的正常发挥。电子对抗的基本手段是电子侦察与反侦察、电子干扰与反干扰、反辐射摧毁与反摧毁。电子对抗的主要内容包括：电子侦察、电子进攻和电子防御。

电子对抗的实质就是敌我双方为争夺电磁频谱的控制权(即制电磁权)所展开的斗争。制电磁权，如同制空权、制海权，是指在一定的时空范围内对电磁频谱的控制权。夺取了制电磁权就意味着己方能自由使用电磁频谱，不受对方的电磁威胁，同时剥夺了对方自由使用电磁频谱的权利。制电磁权有其时空性，在总体上处于相对劣势的一方，并不是一筹莫展，若科学指挥、合理集中力量，能在某一时域或地域内夺取局部的制电磁权。

电子对抗的范围，在频域上包括声学对抗、射频对抗和光学对抗(光电对抗)三个领域；从空间上可分为地面、海上、空中、空间和水下；就其使用的设备而言，可分为无线电通信对抗、雷达对抗、光电对抗和 C^3I 系统电子对抗等技术。

电子战产生于 20 世纪初，在相当长的一个时期内，一直作为战斗保障措施来运用；直到 20 世纪 60 年代以后，才逐渐演变成为一种作战手段和作战形式，以至最终冲出原有的战术战役范畴而上升到战略层次，成为战争的先导并贯穿战争的全过程。

自从无线电通信在战争中使用之后，电子战便应运而生。在第二次世界大战以前，电子战仅限于“战斗范围的零散的”无线电通信对抗，其主要形式有电子干扰、电子侦听、电子诱骗等。

尽管当时电子设备及其使用范围很有限，但效果已十分明显。

20 世纪 40 年代开始，随着航空兵、雷达的出现和大量使用，电子对抗在原有通信对抗的基础上产生了雷达对抗，使电子对抗在军事领域的运用更加广泛，其范围也由战斗扩大到战役，电子对抗开始成为战斗和战役保障的重要内容，其对抗手段进一步增多。在二战中，电子对抗大显身手，对作战的胜负起着举足轻重的作用。

20 世纪 60 年代中期，随着通信、导航、雷达技术的进一步成熟，电子战在无线电通信和雷达对抗方面又有了长足的发展，并出现了专门遂行电子战任务的部队和装备，使反制导、反雷达、反预警等新的对抗内容在电了战中的地位口渐突出，对抗手段更加丰富。

进入 20 世纪 80 年代以来，随着微电子、激光、计算机、精确制导及航天技术的飞速发展，战争的现代化水平空前提高，为电子战的实施开辟了更加广阔的天地。电子战已渗透到战争的各个领域和各个方面，成为现代战争中一种基本的作战模式。

10.3 武装直升机的电子对抗对策

武装直升机在执行作战任务时会遇到各种威胁，特别是当今的防空系统已经把直升机的飞行方式列入攻击对象之一，脉冲多普勒雷达能从地面杂波中探测跟踪贴地飞行的直升机，先进的红外双波段或红外成像导弹导引头可以从任何角度引导导弹攻击低辐射的目标，而且不被诱饵曳光弹所欺骗。所以武装直升机在现代和未来战场上将不再是只受到单一频段制导武器的攻击，其在战场受到的各种威胁是全方位的。为了对抗这些威胁，武装直升机电子对抗系统采取了一系列对策，主要有分离式机载对抗设备和综合化机载对抗设备两种。

10.3.1 分离式机载对抗装备

武装直升机在执行作战任务时将携带大量武器装备，因此在其有限载荷范围内，要求其机载设备体积小、重量轻、功耗低。过去的武装直升机很少携带全频带电子战装备，就目前机载被动无源告警接收机和主动有源干扰器而言，主要是围绕特定的威胁而设计的。例如。美陆军直升机装备的 APR－39A(V)1 型雷达告警接收机 RWR 只能探测到脉冲雷达的威胁，OH－58D 需要加装 APR－44 型告警接收机才能探测到连续波雷达，AH－64 和 AH－1 武装直升机的 ALQ－136 射频干扰器只能干扰 2SU－24－4 机载火控系统瞄准雷达之类的威胁。即使是现役武装直升机中最先进的 AH－64D 也仍然使用分离式雷达告警接收机、射频干扰器、红外干扰器和通过释放曳光弹与箔条来进行自卫。

武装直升机上这种分离式机载对抗装备在战争中所带来的问题是：

① 相互独立的、专用的告警接收机、有源干扰机和干扰物投放器组成 ASE 系统，其体积大重量重，受直升机有效载荷的限制。

② 分离式生存性设备导致飞行员在大量的威胁显示和音响告警面前可能失去对战场态

势的了解，在任务最紧张的阶段加重了飞行员的负担。

③ 目前这种相互独立的生存性设备在外场不易重新编程，机载威胁数据库缺少更新信息，而且无法与机载通信、导航和武器系统实现无缝交连。因此，电子战装备的综合化发展是必然的结果与趋势。从目前武装直升机受到的两种最主要的红外以及射频威胁来看，发展综合红外对抗系统 SIIRCM 和综合射频对抗系统 SIRFC，能为武装直升机提供全方位的防护能力，提高其战场生存能力。

10.3.2　综合化机载对抗装置

1. 综合红外对抗系统 SIIRCM

SIIRCM 是由美国陆军主管的三军联合项目，现正处于工程制造开发阶段。1998 年 4 月已经完成了该项目综合试验系统的第一次论证，试验系统能识别模拟的导弹发射特征。SIIRCM 主要在下述方面提高了其综合化程度：

① 系统对抗红外威胁频谱由 1～4 波段提高到 1～5 波段；

② 系统除了无源传感器、有源干扰机之外，还包括无源红外抑制器和改进型干扰投放器，仍将箔条和红外干扰弹组合发射，提高了干扰效果；

③ 系统能与机载综合 ASE 系统一起工作，以提供红外、雷达、激光全频段防护能力。

SIIRCM 的典型代表是 ALQ－212 系统，其高分辨率导弹告警接收机能够检测和跟踪来袭的多频段红外制导导弹，可根据不同型号直升机的需要触发一个或多个干扰物投放器；其接收机上还装有先进的光学滤镜以提高接收灵敏度，它能在导弹刚点火启动时就进入跟踪状态并提供精确的导弹入射角信息，其精度要优于目前美军直升机装备的 AAR－47 和 ALQ－1556 导弹探测器。

SIIRCM 信息是通过 MIL－STD－1553B 数据总线进行传输的，因此它与现在武装直升机数据接口相匹配，能向任务计算机提供准确的威胁信息（如入射角、距离等）。英国陆军已订购了 SIIRCM，并安装在 AH－64D 直升机上。

2. 综合射频电子对抗系统 SIRFC

武装直升机在战场除受到各种红外制导武器威胁之外，各种雷达制导武器在所有高度上都对直升机构成了远程威胁。

SIRFC 旨在提供全方位的无源和有源干扰，以对付先进的射频（RF）探测。在美军直升机上 SIRFC 将承担探测、识别、定位和干扰机载武器火控雷达的任务，其主要在下述方面实现了综合：

① 系统雷达告警接收机的频率覆盖范围 C～M 波段，有源干扰频率范围 H～J 波段，未来的模块化系统探测频率范围将扩展到 H 波段，频率干扰范围扩展到 K 波段。

② 系统能对抗脉冲、连续波雷达探测等多种威胁源，根据作战方式对战场环境进行威胁等级排序，并在数毫秒内实施相应的射频干扰。

③ 系统真正集告警接收机和干扰机为一体，对战场威胁源实施有效快速干扰。SIRFC 的核心态势分析规则在 1995 年完成了验证，其典型代表为 AN/ALQ－211 系统，AH－64D 现已装备了 SIRFC 系统。在装备数字地图的多功能显示器 MFD 上，SIRFC 信息可叠加在数字地图上。这些信息包括提示威胁致命区城以及提示哪个威胁应立即实施躲避、干扰、攻击等行动，从而大大提高武装直升机的生存能力。

10.4 武装直升机电子对抗系统作战效能模型

电子对抗高速发展的今天，武装直升机在装备了电子对抗系统后的综合作战效能是系统工程师们和军事专家们迫切希望了解的课题。本节通过分析影响武装直升机作战效能的主要因素，用系统分析的方法，建立装备电子对抗系统的武装直升机的作战效能的数学模型。

建立电子对抗系统作战效能模型必须考虑以下几个因素：

① 概率性　实战条件下，任何作战行动总会遇到一些预料不到、然而有时却会发挥重要作用的随机因素，因而性能的评价具有概率性。所以电子对抗系统的性能评定不能在其单独作战行动达到预定目标后就结束，而应以多次应用结果的统计平均去验证。

② 相对性　武器系统的作战性能是指武器在战斗中完成规定战斗任务的有效程度，或者是运用武器可能或已经获得的结果，同任务规定必须或期望获得的结果相符程度的量度，因此具有相对性。

③ 系统性和综合性　从系统工程的观点出发，武器系统是由若干既独立又相互依存、相互制约的分系统组成，各个部分的技术特性都在一定程度上影响系统的整体功能。而武器的作战效能是各种因素综合的效果，运用系统分析的方法，从整体观点出发，分析各个因素的基本特点，探索其内在的联系，从而找出综合评价作战效能的方法。

④ 战术效应　武器系统的作战效能不仅与系统技术上的先进性有关，而且也与武器运用的战术策略和战斗勤务条件等战术因素有关。

⑤ 应用性　影响武器作战效能的因素中，有的是主要的，而有的是次要的，在效能评价中应尽可能的简洁，着重反映作战效能最敏感的主要因素。

⑥ 物理意义　武器系统的作战效能要根据电子对抗设备的特点和战术应用，进行具体的分析综合，使之具有明确的物理意义。

电子对抗分为电子侦察和反电子措施两个方面。电子侦察主要包括电子情报侦察、电子支援侦察和威胁告警侦察；反电子措施则主要包括电子软摧毁、电子硬摧毁和战术回避。

根据电子对抗系统的组成特点，运用系统分析的方法来讨论这个问题。系统中各效能指标的求解采用美国工业界武器系统效能咨询委员会（WSEIAC）建立的模型，按照这个模型，系统效能向量为

$$\boldsymbol{E} = \boldsymbol{A}[D][C] \tag{10.1}$$

即

$$(e_1 \quad e_2 \quad \cdots \quad e_n) = (a_1 \quad a_2 \quad \cdots \quad a_n)\begin{bmatrix} d_{11} & d_{12} & \cdots & d_{1n} \\ d_{21} & d_{22} & \cdots & d_{2n} \\ \vdots & \vdots & & \vdots \\ d_{n1} & d_{n2} & \cdots & d_{nn} \end{bmatrix}\begin{bmatrix} c_{11} & c_{12} & \cdots & c_{1n} \\ c_{21} & c_{22} & \cdots & c_{2n} \\ \vdots & \vdots & & \vdots \\ c_{n1} & c_{n2} & \cdots & c_{nn} \end{bmatrix} \tag{10.2}$$

有效性向量 **A** 是一个行向量，表示系统在开始执行任务时处于状态 i 的概率。可信赖矩阵描述系统在执行任务过程中的各个主要状态，它是 $n \times n$ 方阵，其中 d_{ij} 表示已知系统在 i 状态中开始执行任务，它在执行任务过程中由 i 状态转移到 j 状态的概率、能力矩阵[C]的元素 c_{jk} 表示系统在有效状态 j 中的第 k 个效能指标。

10.4.1　电子侦察设备的作战效能模型

电子侦察设备根据其任务和作用的不同分为电子情报侦察、电子支援侦察和威胁告警侦察。一般侦察设备只是进行电子情报侦察或电子支援侦察或威胁告警侦察，对综合的电子对抗系统，可能既包含有电子情报侦察设备，又包含电子支援侦察设备，甚至还包含有威胁告警侦察设备。虽然各侦察设备的任务有别，但它们的工作原理是相同的。在影响电子侦察设备作战效能的诸因素中，找出对作战效能影响最大的因素，并利用它们来求出电子侦察设备的作战效能。

电子侦察设备开始执行任务时，可能处于两个最有意义的状态：执行任务时系统处于正常工作状态，或者执行任务时系统处于故障状态。用平均故障间隔时间 MTBF 来表示系统处于正常工作状态的数量特征，用平均修理时间 MTTR 来表示系统处于故障状态的数量特征，即

$$\mathbf{A} = (a_1 \quad a_2) \tag{10.3}$$

$$\begin{cases} a_1 = \dfrac{\text{MTBF}}{\text{MTBF} + \text{MTTR}} \\ a_2 = \dfrac{\text{MTTR}}{\text{MTBF} + \text{MTTR}} \end{cases} \tag{10.4}$$

设：d_{11} 为已知开始执行任务时，设备处于工作状态，在任务完成后，设备能工作的概率；

d_{12} 为已知开始执行任务时，设备处于工作状态，在任务完成时，设备处于故障状态的概率；

d_{21} 为已知开始执行任务时，设备处于故障状态，在任务完成时，设备能工作的概率；

d_{22} 为已知开始执行任务时，设备处于故障状态，在任务完成时，设备处于故障状态的概率；

假设侦察设备在执行任务过程中不能修复，而且系统的故障服从指数定律，则有

$$[D] = \begin{bmatrix} \exp(-\lambda T) & 1 - \exp(-\lambda T) \\ 0 & 1 \end{bmatrix} \tag{10.5}$$

式中：λ——系统故障率，

T——任务时间。

电子侦察设备是为了实时地、可靠地截获信号，并通过分析处理得到情报。用系统侦察截获能力的截获效能和系统信号分析识别能力的信息处理效能作为评价电子侦察系统作战效能指标。其能力矩阵为

$$[C]=\begin{bmatrix}C_{11} & C_{12}\\ C_{21} & C_{22}\end{bmatrix} \tag{10.6}$$

式中：C_{11}——设备在状态1下的截获能力；

C_{12}——设备在状态1下的信号分析识别处理能力；

C_{21}——设备在状态2下的截获能力；

C_{22}——设备在状态2下的信号分析识别处理能力。

信号截获能力用侦察相对覆盖系数和截获概率的乘积来描述，其度量用下式表示，即

$$E_{\mathrm{I}}=\frac{\theta_{\mathrm{I}}}{\theta_{\mathrm{IO}}}\cdot\frac{\Delta f_{\mathrm{I}}}{\Delta F_{\mathrm{I}}}\cdot\frac{R_{\mathrm{I}}}{R_{\mathrm{IO}}}\cdot P_{\mathrm{I}} \tag{10.7}$$

式中：θ_{IO}——期望的或作战任务规定的方位覆盖范围；

θ_{I}——系统实际达到的侦察方位覆盖范围；

ΔF_{I}——期望的或作战任务规定的频率覆盖范围；

Δf_{I}——系统实际达到的频率覆盖范围；

R_{IO}——期望的或作战任务规定的侦察距离；

R_{I}——系统实际达到的侦察距离；

P_{I}——为系统的截获概率。

信号分析识别效能用信息处理概率和识别置信度两个因子描述，其度量为

$$E_{\mathrm{R}}=P_{\mathrm{s}}\cdot\rho \tag{10.8}$$

其中：P_{S}——信号处理概率；

ρ——识别置信度。

在故障状态下 $C_{21}=0, C_{22}=0$。

设电子情报侦察设备作战效能为 F_1，则其作战效能模型为

$$\begin{cases}\boldsymbol{E}=\boldsymbol{A}_1[D]_1[C]_1\\ F=e_1^{(1)}e_2^{(2)}\end{cases} \tag{10.9}$$

10.4.2 反电子措施作战效能模型

(1) 电子软摧毁

电子软摧毁即电子干扰。影响电子干扰作战效能的主要因素有系统干扰引导瞄准能力、干扰效能以及系统响应能力，把它们作为评价电子干扰设备的作战效能指标。

表征系统引导瞄准能力的瞄准效能 E_c 用相对干扰覆盖系数和引导概率来描述。

$$E_c = \frac{\Delta\omega_c}{\Delta\Omega_c} \cdot \frac{\Delta f_c}{\Delta F_c} \cdot \frac{R_c}{R_{co}} \cdot P_c \tag{10.10}$$

式中：$\Delta\omega_c \subset \Delta\Omega_c, \Delta f_c \subset \Delta F_c, R_c \subset R_{co}$；

$\Delta\Omega_c$——期望或作战任务规定的干扰空域；

$\Delta\omega_c$——系统实际达到的干扰空域；

ΔF_c——期望或作战任务规定的干扰频域；

Δf_c——系统实际达到的干扰频域；

R_{co}——期望或作战任务规定的干扰暴露距离；

R_c——系统实际达到的干扰暴露距离；

P_c——方位引导概率和频域引导概率的乘积。

干扰效能 Q 由对抗关系矩阵 $K = |K(i,j)|$ 求得，元素 $K(i,j)$ 表示第 i 种干扰手段在瞄准攻击条件下对敌第 j 个目标的固有压制品质因数，可用模糊式分类方法确定。由此，用运筹学原理，系统干扰效能用下式表示，即

$$Q = \sum_{j=1}^{M_\gamma} \left\{ 1 - \prod_{i=1}^{m} [1 - k(i,j)] \right\} / M_\gamma \tag{10.11}$$

式中：M_γ——被干扰的目标数，m——干扰方式的种数。

系统响应能力用系统响应时间短于威胁暴露时间的概率 P_t 来表示。

$$P_t = \frac{\tau_t}{\tau_t + \tau_J} \tag{10.12}$$

式中：τ_t——目标暴露时间的期望值，τ_J——系统响应时间的期望值。

干扰设备的作战效能为 F_2，作战效能模型为

$$\begin{cases} \boldsymbol{E}_2 = \boldsymbol{A}_2 [D]_2 [C]_2 \\ F_2 = \prod_{i=1}^{n} e_i^{(2)} \end{cases} \tag{10.13}$$

$\boldsymbol{A}_2$ 向量的维数要根据干扰设备可能处于的各种状态来定，根据干扰设备的作用不同，其构成也不同，可能会出现一部分设备能正常工作，另外一部分设备不能正常工作的状态。根据不同的状态可以定出 $[D]_2$，$[C]_2$ 是一个 $n\times 3$ 阶矩阵，其中：$C_{i1}^{(2)}$ 表示第 i 种状态下系统的瞄准效能；$C_{i2}^{(2)}$ 表示第 i 种状态下系统的干扰效能；$C_{i3}^{(2)}$ 表示第 i 种状态下系统的响应效能（$1\leqslant i\leqslant n$）。

实施连续电子干扰需要电子支援侦察设备实时地、连续地提供敌威胁目标的情报，以便引导电子干扰设备实施有效的电子干扰。故电子干扰必须与电子支援侦察设备共同组成电子对抗系统，电子干扰对抗系统可以把看作把侦察和干扰两部分串联起来构成。这种类型的电子对抗系统的作战效能可用两部分的效能乘积来表示。即

$$B_1 = F_1 \cdot F_2 \tag{10.14}$$

此即为该系统电子对抗系统的作战效能模型。式中 F_1、F_2 分别由式(10.9)、(10.13)决定。

(2) 硬摧毁

反电子措施中的硬摧毁是指用杀伤武器(反辐射导弹、火炮)击毁敌威胁目标,用跟踪能力、毁伤概率和系统响应能力评价硬摧毁即火力攻击的效能指标。

系统的跟踪能力用跟踪系数和正确跟踪目标的概率之积来表示,跟踪系数 K_1 表示为

$$K_1 = \frac{\Delta f}{\Delta F} \cdot \frac{\Delta \omega}{\Delta W} \tag{10.15}$$

式中:ΔF——期望或作战任务规定的跟踪频域;

Δf——系统实际的跟踪频域;

ΔW——期望或作战任务规定的方位跟踪范围;

$\Delta \omega$——系统实际的方位跟踪范围。

跟踪能力

$$E_t = K_1 \cdot P_s \tag{10.16}$$

式中,P_s 为系统正确跟踪目标的概率。

现计算系统的毁伤概率,引入相对毁伤系数 K_2,即

$$K_2 = \frac{\Delta S_2}{S_2} \cdot \frac{\Delta R_2}{R_2} \tag{10.17}$$

式中:S_2——期望或作战任务规定的火力范围;

ΔS_2——系统实际的火力覆盖范围;

R_2——期望或作战任务规定的毁伤距离;

ΔR_2——系统实际达到的毁伤距离。

设第 i 种杀伤武器一个火力单位在可毁伤条件下对第 j 个目标的毁伤概率为 P_{ij}($1 \leqslant i \leqslant \omega, 1 \leqslant j \leqslant M_J$),则可用军事运筹学原理,系统的毁伤概率为

$$E_d = K_2 \sum_{j=1}^{M_J} \left\{ 1 - \prod_{i=1}^{\omega} (1 - P_{ij})^{mi} \right\} / M_J \tag{10.18}$$

式中:ω——武器种类数;

m_i——第 i 种武器的火力单位数;

M_J——估计的目标数。

系统响应能力用系统响应时间短于威胁暴露目标时间的概率表示,由式(10.12)给出,杀伤武器的作战效能为 F_3,杀伤武器系统的作战效能模型为

$$\begin{cases} \boldsymbol{E}_3 = \boldsymbol{A}_3 [D]_3 [C]_3 \\ F_3 = \prod_{i=1}^{n} e_i^{(3)} \end{cases} \tag{10.19}$$

$\boldsymbol{A}_3$ 的维数根据杀伤武器可能处于的各种状态来定，根据不同的状态，可以给出$[D]_3$，$[C]_3$是一个 $n \times 3$ 阶矩阵，

其中：$C_{i1}^{(3)}$——表示第 i 种状态下系统的跟踪能力；

$C_{i2}^{(3)}$——表示第 i 种状态下系统的毁伤概率；

$C_{i3}^{(3)}$——表示第 i 种状态下系统的响应能力。

直升机上的杀伤武器一般是和电子支援侦察配合使用。对这种类型的电子对抗系统，也可以看成是由电子支援侦察和硬摧毁两个部分串联组合而成。故表征该系统的作战效能也可以用这两部分的作战效能的乘积来表示，即

$$B_2 = F_1 \cdot F_3 \tag{10.20}$$

此即为该电子对抗系统的作战效能模型，式中 F_1，F_3 分别由式(10.9)，(10.19)决定。

(3) 战术回避

战术回避是在电子侦察提供的对威胁告警信号的基础上实施的，是直接与告警支援侦察相联系的反电子措施。战术回避主要采取的措施是干扰，称为自卫干扰(包括自身掩护干扰和协同干扰)，其中干扰作战效能可用类似式(10.13)求得，即

$$\begin{cases} \boldsymbol{E}_4 = \boldsymbol{A}_4 [D]_4 [C]_4 \\ F_4 = \prod\limits_i^n \mathrm{e}_i^{(4)} \end{cases} \tag{10.21}$$

战术回避电子对抗系统可以看成是由威胁告警侦察设备与自卫干扰设备串连组成，这种电子对抗系统的作战效能可以表示为

$$B_3 = F_1 \cdot F_4 \tag{10.22}$$

此即为该电子对抗系统的作战效能模型，式中 F_1、F_4 分别由式(10.9)、(10.21)决定。

10.4.3　综合电子对抗系统作战效能模型及算例

结合前几节所述，对于包含由电子侦察设备和各种反电子措施的综合电子对抗系统，设其作战效能为 G_{B}，则

$$\begin{cases} G_{\mathrm{B}} = \left(F_1 \cdot \sum\limits_{i=2}^{4} \lambda_i F_i\right) \\ \sum\limits_{i=2}^{4} \lambda_i = 1, (0 \leqslant \lambda_i \leqslant 1; 2 \leqslant i \leqslant 4) \end{cases} \tag{10.23}$$

上式即为综合电子对抗系统的作战效能模型。式中 F_i $(2 \leqslant i \leqslant 4)$ 分别由式(10.9)、(10.13)、(10.19)、(10.21)决定，λ_i 的选择由系统的性质、作用和组成来决定。

设某型直升机，装备有电子对抗系统，假设该系统由电子支援侦察及火力单元两部分串联组成，将截获概率、正确跟踪概率和杀伤概率考虑为评价该系统作战效能的指标。

设电子支援侦察及武器体系的故障间隔时间分别为 60、80 h；而平均修理时间分别为

0.4、0.5 h；系统在规定的使用条件下，任务时间为1.5 h。假定在执行任务过程中是不能修复的；发现目标的概率为0.90，侦察相对覆盖系数为0.95；跟踪目标概率为0.90，跟踪系数为0.95；武器杀伤概率为0.90，武器相对毁伤系数为0.95。

全系统的效能可由 F_1，F_3 的成绩得到 $B=F_1 \cdot F_3$，通过计算得 $F_1=0.830$，$F_3=0.694$。则$B=F_1 \cdot F_3=0.830\times0.694=0.576$。从上述的算例中可以看出，因为给出的发现目标及侦察覆盖系数比较大，最后得出的效能比较大，但是，在实际中，电子对抗系统的这些系数可能不会这么高，因此，获得的最终效能也不会这么大。但是，我们还是可以看到，得到的结果还是比较符合实际的，如果把条件中的系数都给成0.8，则最终的效能 $B=F_1 \cdot F_3=0.621\times0.364=0.226$，可见，作为一种间接的手段，其作战效能不会很大。

随着电子对抗技术的发展，武装直升机将具有越来越多的手段实施电子侦察和反电子措施。21世纪，美军将针对先进的红外、激光制导导弹的威胁，研制一体化的红外对抗/通用导弹警告下系统和红外对抗弹药(新型曳光弹)；针对先进的地空雷达制导导弹的威胁，研制可覆盖较宽频谱的一体化射频对抗设备，以及为飞行员提供用来选择电子对抗措施的战场情况感知系统等，这使得武装直升机电子对抗系统要考虑的因素更多也更复杂，其作战效能分析、研究也要综合更多方面进行深入研究。

参考文献

[1] 文裕武,温清澄,现代直升机应用及发展.北京:航空工业出版社,2000.

[2] 朱宝鎏,朱荣昌,熊笑非.作战飞机效能评估.北京:航空工业出版社,1993.

[3] 蓝伟华.武装直升机对地面固定目标攻击仿真.北京:航空航天工业部,1994.

[4] Menon P K A, Kim E, Cheng V H L. Optimal Trajectory Synthesis for Terrain-Following Flight. Journal of Guidance, 1991,14(4).

[5] 吴强.任务规划系统关键技术的研究[D].北京:北京航空航天大学,博士论文,2002.

[6] Austin F, Carbone G, Falco M, Lewis M. Game Theory for Automated Maneuvering During Air-to-Air Combat. Journal of Guidance, Control, and Dynamics, 1990.

[7] Falco M, Smith R. Influence of Maneuverability on Helicopter Combat Effectiveness, N82—23212, 1982.

[8] 曹义华.直升机的机动飞行研究[D].南京:南京航空航天大学,博士论文,1990.

[9] 颜庆津.数值分析.北京:北京航空航天大学出版社,2000.

[10] Austin F,George D,Bivens C. Automated Adversary for Piloted Simulation of Helicopter Air Combat in Terrain Flight. Journal of The American Helicopter Society, 1991.

[11] Hague D S. An Assessment of Helicopter Air-to-Air Capabilities, 84—2128, 1983.

[12] 董彦非,冯惊雷,张恒喜.多机空战仿真协同战术决策方法.系统仿真学报,2002.

[13] [美]约翰逊.直升机理论.孙如林,等译.北京:航空工业出版社,1991.

[14] Yihua Cao. A new Inverse Solution Technique for Studying Helicopter Maneuvering Flight. Journal of the American Helicopter Society, 2000,45(1).

[15] Howlett. J J. UH-60A Black Hawk Engineering Simulation Program, NASA-CR-166309, 1981.

[16] 沃洛特柯, A M 等阿富汗战场上的直升机.郭泽弘译.总参陆航局装备技术部,1996.

[17] 世界飞机手册 2000.北京:航空工业出版社,2001.

[18] 季节,许云剑.世界机载雷达手册.北京:航空工业出版社,1989.

[19] 徐明友.火箭外弹道学.北京:兵器工业出版业,1989.

[20] [美]埃特肯.大气飞行动力学.何植岱,等译.北京:科学出版社,1979.

[21] 杨新军.空战数学模型的建立及其分析研究.中国航空工业总公司第 620 研究所,1994.

[22] Harvey D. Soviet Helicopter Tactics: Lessons from Afghanistan. Rotor and Wing International, 1988

[23] Bent N, Bienvenu E, Trost L. Helicopter Air-to-Air Value-Driven Engagement Model (HAVDEM) Detailed Design Document Report, 1990.

[24] Hague, D S. Correlation of Flight Test and Analytic M-on-N Air Combat Exchange Ratios, Journal of Aircraft, 1983,20(10).

[25] Hague D S. Multiple-Tactical Aircraft Combat Performance Evaluation System. Journal of Aircraft,1981,18(7).

[26] Austin F, George D, Bivens C. Real-Time Simulation of Helicopter Air-to-Air Combat, A92－14366

[27] Slater G L. Guidance on Maneuvering Flight Paths for Rotary Wing Aircraft, A87－50489

[28] Austin F, Carbone G, Falco M, et al. Automated Maneuvering Decision for Air-to-Air Combat, A87－50477.

[29] Lewis M, Aiken E. Piloted Simulation of One-on-One Helicopter Air Combat at NOE Flight Levels, AD A140538.

[30] 军事科学院军事运筹分析研究所.作战系统工程导论.军事科学出版社,1987.

[31] 张恒喜,等.现代飞机效费分析.北京:航空工业出版社,2001.

[32] 余学文,王寿云.现代作战模拟.北京:科学出版社,2002.

[33] 张广林.未来军用直升机技术.国际航空,2003(12).

[34] 鲁进军,王祖典.国外武装直升机的武器和火控系统综述.情报研究,2001,(1).

[35] 非寒.俄罗斯武装直升机的航空电子与武器装备.国际航空,2001,(4).

[36] 理查德·B·彼伯尔[英].直升机上的枪炮.空战直升机战术与技术——首届国际专题研讨会译文集.总参陆航局,1994.

[37] 张旗,张安.武装直升机装备子母弹作战效能分析,火力指挥与控制,1997,(2):55－59.

[38] 邹朝霞,张凌,黄长强.武装直升机火箭武器对地攻击方式效能评估.火力与指挥控制,2000,125(3).

[39] 张安,谢建峰,张旗,武装直升机反坦克群攻击效能评估研究.系统工程理论与实践,2000.

[40] 黄俊,武哲.作战飞机的空-地攻击效能评估.航空学报,1999,120(1).

[41] 黄俊,孙义东,武哲,等.战斗机对地攻击作战效能分析.北京航空航天大学学报,2002,128(3).

[42] 尼考拉斯.直升机空中格斗设计.空战直升机战术与技术-首届国际专题研讨会译文集.总参陆航局,1994.

[43] 赫博斯特.机动性与敏捷性设计.空战直升机战术与技术-首届国际专题研讨会译文集.总参陆航局,1994.

[44] 曹义华,苏媛.直升机战场机动科目.北京:北京航空航天大学科研报告,1993.

[45] 郭胜伟.直升机梯队突击.北京:军事科学出版社,1994.

[46] 肖剑,田庆辉,孙国忠.综合电子战装备及其对战斗生存性影响.直升机年会论文,2002.

[47] A methodology to find overall system effectiveness in a multicriterion environment using surface to air missile weapon systems as an example[P]. AD-A109549,1981.

[48] 刘永红.电子侦察设备作战效能数学模型[J].电子科技大学学报,1995,24(3):304—307.

[49] 马东立,韩莹.航空综合体对地攻击作战效能评估方法[J].北京航空航天大学学报,2000,26(2):198—200.

[50] 李德成.综合电子战技术词条[Z].内部资料,2001:3—4.

[51] 刘永红.电子对抗系统作战效能模型及其应用[A]电子对抗技术.2002,17(5):30—34.

[52] 桑炜森.雷达对抗作战效能评价方法.电子对抗技术,1988,(6):34—41.

[53] 久保田 隼夫.浅田 幸男.井出 正城.「ヘリコプタ同士の空中戦」に関する数学シミュレーシュン.防衛庁技術研究本部技報,第5912号.

[54] Curtiss H C, and Price G. Study of Rotorcraft, Agility and Maneuverability, The 10th European Rotorcraft Forum, August 1984.

[55] 曹义华.直升机飞行力学.北京:北京航空航天大学出版社,2005.

[56] 郜宪林.子母弹子弹散布模型及其仿真研究[J].兵工学报,1989.

[57] 曹义华,陆家鹏.枪炮在直升机上的空战效能[J].轻兵器,1992.

[58] Yihua Cao,Yuan Su. Helicopter Maneuver Gaming Simulation and Mathematical Inverse Solution, Journal of Aerospace Engineering,2002,216(G2).

[59] Cao Yihua,Wang J,Su Y. Mixed Jameson/Total-Variation—Diminishing Scheme Applied to simulating Rotor Airfoil Flowfield. AIAA Journal of Aircraft,2003,40(1).

[60] Yihua Cao, Ziwen Yu. Numerical Simulation of Turbulent Flow around Helicopter Ducted Tail Rotor. Aerospace Science and Technology,2005,9(4).

[61] Yihua Cao, kungang Yuan, Xiaoyong Li. Computational Methods for the simulation of the Flow around Helicopter Engine Inlet. AIAA Journal of Aircraft, 2006,43(1).

[62] 陈科,曹义华.直升机任务能力评估[J].直升机技术,2005.

[63] 王贤明.武器作战有效性分析.第四届航空武器装备管理研讨会,1990.

[64] Donald L. Smart. Mathematical Model of Armed Helicopter VS Tank Duel. AD-753 590,1972.

[1] [illegible]
[2] [illegible]
[3] [illegible]
[4] [illegible] using [illegible]
[5] [illegible]
[6] [illegible]
[7] [illegible]
[8] [illegible] 学报 [illegible]
[9] [illegible]
[10] [illegible]
[11] [illegible] and [illegible] A study of [illegible] Acta [illegible] The [illegible]
[12] [illegible]
[13] [illegible]
[14] [illegible]
[15] [illegible] Simulation and [illegible] solution [illegible]
[16] [illegible] Numerical [illegible] Acta Mechanica Sinica [illegible]
[17] [illegible] Numerical [illegible] Acta [illegible] Science and Technology, 200[illegible]
[18] [illegible] Computational Methods for the [illegible] flow [illegible] Journal of [illegible]
[19] [illegible]
[20] [illegible]
[21] [illegible] Model [illegible] Applied [illegible]